Hans-Dieter Stoffler

DER HORTULUS DES WALAHFRID STRABO

Aus dem Kräutergarten des Klosters Reichenau

Hans-Dieter Stoffler

DER HORTULUS DES WALAHFRID STRABO

Aus dem Kräutergarten des Klosters Reichenau

Mit einem Beitrag von Theodor Fehrenbach

Jan Thorbecke Verlag Sigmaringen
1989

CIP-Titelaufnahme der Deutschen Bibliothek

Stoffler, Hans-Dieter:
Der Hortulus des Walahfrid Strabo: aus dem Kräutergarten des Klosters Reichenau / Hans-Dieter Stoffler. Mit e. Beitr. von Theodor Fehrenbach. – 3. Aufl. – Sigmaringen: Thorbecke, 1989
(Reichenau-Bücherei)
ISBN 3-7995-3504-7

NE: Walahfridus ⟨Strabo⟩: Hortulus

REICHENAU-BÜCHEREI

Dritte Auflage 1989

Buchgestaltung: Ulrich Ulrichs, Sigmaringen
Gesamtherstellung: M. Liehners Hofbuchdruckerei GmbH & Co., Sigmaringen
Printed in Germany · ISBN 3-7995-3504-7

Inhalt

Vorwort

Der Hortulus [1], das Gedicht vom Kräutergärtlein des Abtes Walahfrid Strabo [2] auf der Insel Reichenau, hat von jeher besondere Sympathie gefunden, denn immer aufs neue entdeckt man in ihm einen Blumenstrauß voll Duft und Würze, voll lebendiger, beziehungsreicher Formen und Farben, in eigenartiger Struktur gesteckt, mit sicherer Frömmigkeit und Menschlichkeit gebunden und geschenkt.

In einer Zeit, die es durchaus nötig hat, neue Ansätze für ihr Verhältnis zur Natur und zu dem zu gewinnen, was man gemeinhin als Kulturlandschaft bezeichnet, erscheint es uns besonders wichtig, sich mit diesem Gedicht zu befassen. Dabei ist zunächst anhand einiger Beispiele die Frage zu untersuchen, inwieweit Walahfrid Strabo wirklichkeitsnahe Bilder gebraucht, indem wir den Faden wieder aufnehmen, den H. Sierp [3] vor über fünfzig Jahren gesponnen hat. Er hat nämlich als erster nachgewiesen, daß die Pflanzenbeschreibungen Walahfrids auf genauer Beobachtung beruhen.

Dann wollen wir die Gartenanlage, die im Gedicht beschrieben ist, mit dem Herbularius des Reichenauer Klosterplanes in St. Gallen (St. Galler Klosterplan) vergleichen [4]. Wir verdanken hier vor allem Wolfgang Erdmann zahlreiche Anregungen.

1 Walahfrid Strabo, Liber de cultura hortorum. Edition: MGH Poetae II, 335 ff. (Ed. E. Dümmler 1884). Erstdruck: Strabi Galli Poetae et Theologi Doctissimi: ad Grimaldum Coenobii S. Galli Abbatem Hortulus ad Lectorem Joach. Vad., Wien. Nachdruck: Walahfrid von der Reichenau »Hortulus«. Gedichte über die Kräuter seines Klostergartens vom Jahre 827. Wiedergabe des ersten Druckes vom Jahre 1510, eingel. und gewürdigt v. Karl Sudhoff, Heinrich Marzell, Ernst Weil, München 1926 (= Münchener Beiträge zur Gesch. u. Lit. der Naturwissensch. u. Medizin). Photomech. Reproduktion dieses Nachdrucks: Reichenau 1974. Übersetzung: Werner Näf und Matthäus Gabathuler, Walahfrid Strabo, Hortulus, Vom Gartenbau, St. Gallen 1942, ²1957. Die Ausgabe mit der guten Übersetzung W. Näfs ist leider vergriffen. Mit freundlicher Genehmigung des Tschudy-Verlages, St. Gallen, wird diese im Anhang mit geringfügigen Änderungen wiedergegeben.

2 Würdigung mit Angabe der neuen Literatur: Alf Önnerfors, Walahfrid Strabo als Dichter, in: Die Abtei Reichenau. Neue Beiträge zur Geschichte und Kultur des Inselklosters, hrsg. v. H. Maurer, Sigmaringen 1974, und Theodor Fehrenbach, Walahfrid Strabo, Abt der Reichenau (838–849), in: Hegau Bd. 31, 1974, S. 105–120; vgl. in diesem Band S. 57 ff. Es ist heute allgemeine Auffassung (vgl. z. B. A. Önnerfors u. W. Näf), daß Walahfrid nach 842 als Abt der Reichenau den Hortulus geschrieben hat. Ein Klosterschüler schreibt nicht so gelassen von seiner Wohnung (Hort. 33) und von seinem Garten, redet den Lehrer nicht so souverän an (Hort. 317, 318) und spricht nicht aus Lebenserfahrungen, die er als Jüngling noch nicht gemacht haben konnte (Hort. 80, 81).

3 Hermann Sierp, Walahfrid Strabos Gedicht über den Gartenbau, in: Die Kultur der Abtei Reichenau, München 1925, Bd. II, S. 756–772.

4 Der Faksimile-Druck des Klosterplanes wurde herausgegeben vom Historischen Verein St. Gallen, St. Gallen 1952. Zur Entstehung des Klosterplanes: Bernhard Bischoff, Die Entstehung

Wenn wir schließlich bei den einzelnen Pflanzenbildern verweilen, zeigt es sich, daß auch dieses Kapitel mit den Arbeiten von H. Marzell [5], C. Genewein [6] und W. Sörrensen [7] noch nicht als abgeschlossen gelten kann. Da bei manchen Lesern das Verhältnis zwischen literarischem Verständnis und Kenntnis der botanischen Formen unausgewogen sein mag, dienen die qualitätvollen Zeichnungen von Rosmarie Hirzel aus der Flora der Schweiz [8] zur Veranschaulichung. Wo bestimmte Pflanzen als bekannt gelten können, sind die Holzschnitte aus O. Brunfels' Kontrafayt Kräuterbuch als Illustration beigegeben [9].

Den Freunden aus dem Kloster Beuron verdanke ich viele Anregungen und die Möglichkeit des Quellenstudiums zu den folgenden Abschnitten über den Sinn des Gartens, insbesondere soweit es die monastische Tradition betrifft, denn im Gartenbau wird die monastische Lebensregel »Ora et labora«, »Bete und arbeite«, besonders sinnfällig. Widmen möchte ich diese kleine Schrift den Freunden der Reichenau.

Besonders dankbar bin ich Herrn Münsterpfarrer Theodor Fehrenbach, Reichenau, für seine in diesem Band wiedergegebenen Ausführungen zum Leben und Wirken Walahfrids.

Hans-Dieter Stoffler

des St. Galler Klosterplanes in paläographischer Sicht. In: Studien zum St. Galler Klosterplan, hrsg. von Johannes Duft, St. Gallen 1962, S. 67–78; [wieder:] Mittelalterliche Studien I, Stuttgart 1966, S. 41–49. Ferner: Walter Horn und Ernest Born, New Theses about the Plan of St. Gall, in: Die Abtei Reichenau, wie Anmerkung 2, S. 407–480.

5 Heinrich Marzell, wie Anm. 1, 1926, ferner Ders., Wörterbuch der deutschen Pflanzennamen, Stuttgart 1937.

6 Curt Genewein, Des Walahfrid Strabo von der Reichenau Hortulus und seine Pflanzen, maschschr. Diss. med. München 1947; die Arbeit von Genewein beinhaltet neben einer Prosaübersetzung eine medizingeschichtliche Würdigung des Gedichtes.

7 Wolfgang Sörrensen, Gärten und Pflanzen im Klosterplan, aus: Studien zum St. Galler Klosterplan. Hrsg. J. Duft, St. Gallen 1962, S. 193–277.

8 Hans Ernst Hess/Elias Landolt/Rosmarie Hirzel, Flora der Schweiz, Basel 1967. Dem Birkhäuser-Verlag danke ich für die freundliche Genehmigung des Abdrucks der Pflanzenbilder.

9 Otto Brunfels, Contrafayt Kräuterbuch, Straßburg 1532–37, repr. München 1964; O. Brunfels (um 1488 – 25. 11. 1534), Humanist, anfangs Kartäusermönch in Mainz und Straßburg, dann Protestant und Lehrer in Straßburg, 1530 Doktor der Medizin zu Basel, 1532 Stadtarzt in Bern, zählt zu den »Vätern der Botanik«.

Zum Verhältnis von Tradition und eigener Beobachtung

Im Gegensatz zum Capitulare de villis [10] Karls des Großen, das als »Ministerialerlaß« über die Verwaltung und Bewirtschaftung der Krongüter im botanischen Teil zu allgemein ist, um für den konkreten Einzelfall mit seinen besonderen Klimaverhältnissen gültige Regelungen zu treffen, ist der Hortulus Walahfrids auf die erlebte Wirklichkeit der Pflanzenwelt vor der Tür seiner Abtswohnung auf der Reichenau bezogen. Denn alle Pflanzen des Hortulus können heute noch auf der Reichenau angebaut werden. Nur Melone und Flaschenkürbis brauchen einen besonders warmen Platz. Geringfügige Schwankungen im Rahmen des damals wie heute vorherrschenden Klimas [11] sind allerdings nicht auszuschließen.

Auf die bemerkenswerte, mit genauer Beobachtung gezeichnete Beschreibung des Flaschenkürbis geht vor allem Sierp [12] ein. Er beschreibt, wie Walahfrid »auf Schritt und Tritt« nachweist, daß er seine Pflanze genau kennt. Am Vorgang des Rankens der Kürbissprosse belegt er die genaue Wiedergabe Walahfrids. Der Flaschenkürbis ist nicht fest genug, um selbständig aufrecht wachsen zu können. Er benützt deshalb feste Streben, etwa die Säulen des Porticus (Hort. 125) oder Erlenzweige, als Stütze. An diesen rankt er sich empor. Die Ranken beschreiben dabei Kreise, gleichsam um ihre Umgebung nach Halt abzusuchen, und wenn sie ihn gefunden haben, umschlingen sie ihn mit ihren gegabelten Spitzen, während sich der basale Rankenteil zu einer dichten Spirale aufrollt. Die Ranken selbst wachsen jeweils aus den Achseln der Blätter. Dieser botanische Sachverhalt kommt im Gedicht genau zum Ausdruck. Die naturwissenschaftlich richtige Beschreibung der Kürbisranken erinnert andererseits in ihrer sprachlichen Dichte und Feinheit an die reichen Ornamente in der frühen St. Galler und Reichenauer Buchmalerei. Gerade weil aus der antiken Literatur Rankenmuster von dieser Intensität als Bauform der Dichtkunst nicht bekannt sind, verdient die originelle Beschreibung des schön verschlungenen Rankenwerkes in der Kürbisstrophe auch besondere literarische Beachtung.

Ein weiteres Beispiel naturwissenschaftlich gültiger und auch beziehungsreicher Betrachtung ist die Salbeistrophe. Wenn nämlich der Salbeistock im Sommer verblüht ist,

10 Vgl. neuestens die Faksimile-Ausgabe: Cod. Guelf. 254, Helmst, der Herzog-August-Bibliothek Wolfenbüttel, herausgegeben und eingeleitet von Carlrichard Brühl, (Dokumente zur deutschen Geschichte in Faksimiles, Reihe I, Bd. 1) Stuttgart 1971.

11 Zur spätquartären Vegetations- und Florengeschichte vgl. Gerhard Lang, Die Vegetation des westlichen Bodenseegebietes, Jena 1973, S. 139–151.

12 Hermann Sierp, wie Anm. 3, S. 759–764.

sterben die verblühten Zweige ab, während aus dem basalen Sproßbereich eine neue Generation junger, satt graugrün belaubter Zweige heranwächst, die den alten, verblühten Zweig verdrängen. So bleibt der Salbeistock ein kleiner, vielverzweigter Strauch, denn der jugendliche Sproß setzt den alten nicht organisch fort wie bei den Bäumen. Die »saeva progenies florum« (Hort. 80) ist also der basale Nachwuchs des abgeblühten Zweiges. Dieser ist gleichsam voll Haß auf den »Vater«, ein »civile malum«, so setzt Walahfrid hintergründig dazu, ein gesellschaftliches und zugleich politisches Übel. Die Söhne Ludwigs des Frommen bauten nämlich nicht organisch am Einheitsreich weiter, sondern verdrängten den Vater, ein Gedanke, der sich zwanglos ergibt, wenn man bedenkt, daß Walahfrid in diesen politischen Zwist hineingezogen wurde [13]. Zugleich wird damit die allgemein menschliche Erfahrung des Generationenproblems an einem Beispiel beschrieben, das nur dem genauen Beobachter der Natur zur Verfügung steht. Die von H. Sierp gegebene Interpretation ist also unrichtig. Sierp hatte diese Strophe in dem Sinn zu erklären versucht, daß die alte Salbeipflanze durch aufwachsende Sämlinge verdrängt werde. Dies ist jedoch nicht der Fall und entspricht nicht dem Wesen dieser Pflanzengestalt im Werden und Vergehen ihres Sproßaufbaus [14].

Hier beobachtet der karolingische Botaniker genauer als der moderne. Wir werden dem subtilen Wirklichkeitssinn des Abtes noch oft begegnen. Bei aller Gelehrsamkeit und Bildung bietet damit Walahfrid die Gewähr, daß er keine Pflanzenbeschreibungen antiker Autoren einfach abgeschrieben hat. Wir können daher auch W. Sörrensen [15] nicht folgen, wenn er am Beispiel der Schwertlilie (Hort. 217–228) meint, »daß etwas an sich lebendig Geschriebenes mit Vorsicht zu gebrauchen ist, weil in jener Zeit nicht alles aus eigener Anschauung fließt, sondern viele literarische Entlehnungen, Lesefrüchte, dazu benutzt werden, gelehrt und belesen zu erscheinen.« Diese gängige Auffassung trifft gerade hier nicht zu. Die Schwertlilienstrophe ist vielmehr ganz klar und gibt zu derlei Schlüssen keinen Anlaß. Nach Sörrensen ergibt sich aus dem Text, daß Walahfrid die Schwertlilie, die er beschreibt, gar nicht gekannt habe, weil eine ganz andere Art (Iris florentina), die bei uns nicht gedeihe, die beschriebenen Eigenschaften besitze. Dies ist aber falsch. Die Verwendung des stärkereichen, veilchenduftenden Rhizoms der Schwertlilie (Iriswurzel) als Mittel zum Stärken der Wäsche gilt gerade auch für die im Hortulus gemeinte Iris germanica [16]. Es wird also im Hortulus ein Stück Wirklichkeit aufgezeigt, wo das Capitulare de villis nur eine Pflanzenliste vorschreibt, ohne auf die Anwendung im einzelnen einzugehen.

13 Zur politischen Situation und zur Rolle Walahfrids vgl. Heinz Löwe, Deutschland im fränkischen Reich, Gebhardt, Handbuch der deutschen Geschichte, Bd. 2, München 1973, S. 171–189.

14 Der Verfasser hat zahlreiche Bauerngärten zwischen Schwarzwald und Bodensee beobachtet und nie gesehen, daß ein Salbeistock durch Eigenaussaat verdämmt wird. Vielmehr liegt der Schlüssel zu dieser Strophe in der Gestalt der Pflanze.

15 Wolfgang Sörrensen, wie Anm. 7, S. 230–231.

16 Gustav Hegi, Illustrierte Flora von Mitteleuropa, Bd. II, München 1906, S. 285. Vgl. auch Anm. 66.

Walahfrid und die Klostermedizin

Während Walahfrid die Pflanzen auf Grund eigener Beobachtung beschreibt, stützt er sich bei seinen pharmakologischen Befunden auch auf antike Quellen [17]. Auf die große Bedeutung *Cassiodors* [18] als Vermittler römischer Kultur durch die Klöster wird zu Recht immer wieder hingewiesen. In seiner Einführung in die geistliche Wissenschaft wendet sich dieser an die Mönche, die mit der Betreuung der Kranken beauftragt sind:

»Aber auch Euch hervorragende Brüder spreche ich an, die Ihr die Gesundheit des menschlichen Körpers mit eifriger Wißbegierde behandelt ... Von jenem werdet Ihr den Lohn empfangen, von welchem für Irdisches das Ewige erworben werden kann. Lernet deshalb die Wirkkräfte der Heilkräuter und die Mischung der Spezereien mit sorgfältiger Überlegung anzuwenden. Aber setzt die Hoffnung nicht in die Kräuter und die Rettung nicht in menschliche Ratschläge; denn obwohl es heißt, daß die Medizin von Gott begründet worden sei, wird doch jener heilen, der das Leben ohne Ende gewährt ...«

Von Cassiodor erfahren wir dann auch die medizinischen Quellen der Spätantike, die er zum Studium empfiehlt: vor allem das Kräuterbuch des Dioscurides [19], die Therapeutik des Galenos [20] und die Schrift des Hippokrates [21] über die Kräuter und deren Anwendung. Aus der Bibliothek der Reichenau standen damals Walahfrid zehn Codices zur Verfügung, die in einer eigenen Abteilung medizinischer Bücher zusammengefaßt waren [22].

17 Johannes Duft, Notker der Arzt, Klostermedizin und Mönchsarzt im frühmittelalterlichen St. Gallen, St. Gallen 1972. Vgl. auch vor allem C. Genewein, wie Anm. 6, der die antiken Quellen des Hortulus untersucht hat.

18 Cassiodor Senator (um 487–583 n. Chr.) römischer Staatsmann und Gelehrter. Mit etwa 50 Jahren zog er sich aus dem Staatsleben zurück und gründete später das Kloster Vivarium. In Muße suchte er dort das Ideal des gebildeten Christen zu verwirklichen, eine Synthese von »Kultur und Heiligkeit« in einer Mönchsgemeinschaft. Sein Hauptwerk sind die »Institutiones«, die Einführung in die geistlichen Wissenschaften, aus denen der Text zitiert ist nach Johannes Duft, wie Anm. 17, S. 28, vgl. dazu auch Karl Suso Frank, Frühes Mönchtum im Abendland, Zürich 1975, Bd. I, S. 276 f.

19 Dioscurides, Pedanios, griechischer Arzt des ersten Jahrhunderts n. Chr., Verfasser einer während des Mittelalters vielzitierten Arzneimittellehre (materia medica).

20 Galenos aus Pergamon (129–199 n. Chr.), Arzt und Philosoph; durch seine zahlreichen Schriften war er die medizinische Autorität bis ins 16. Jahrhundert.

21 Hippokrates, der größte Arzt der Antike (4.–3. Jh. v. Chr.) aus Kos (Griechenland).

22 Mittelalterliche Bibliothekskataloge Deutschlands und der Schweiz, herausgegeben von Paul Lehmann, 1. Bd., München 1918, S. 248, vgl. Karl Preisendanz, Reginbert von der Reichenau, aus: Bibliothek und Skriptorium des Inselklosters, in: Neue Heidelberger Jahrbücher, N. F. Jahrbuch 1952/53, Heidelberg 1953, S. 1–49.

Wenn man den Hortulus auch keineswegs als Rezeptsammlung aus Dioscurides oder Serenus Samonicus [23] mißverstehen darf, so ist doch andererseits nicht zu übersehen, daß Walahfrid die Pflanzen weitgehend als Heilpflanzen sieht. Diese Einstellung entspricht nicht nur seinem botanischen und pharmakologischen Interesse, sondern auch der Bedeutung des Abtes als Arzt im tieferen Sinne: zunächst als Arzt der Seelen (RB 27.2; 28.2 ff.; 30.3; 46.5 f.) [24], dann aber auch als Helfer und Hirt der Kranken, Armen und Fremden, wie dies J. Duft [25] in der Schilderung der Krankenpflege St. Otmars besonders schön dargestellt hat. Denn die Sorge für die Kranken steht vor und über allen anderen Pflichten. Man soll ihnen wirklich wie Christus dienen ... Es soll also die oberste Sorge des Abtes sein, daß sie nicht vernachlässigt werden (RB 36, 1, 6). Dies wird an anderer Stelle nochmals bekräftigt: Der Abt soll sehr darum besorgt sein, daß die Kranken vom Verwalter und von den Pflegern nicht vernachlässigt werden. Er ist für jeden Fehler verantwortlich, den die Jünger begehen (RB 36, 10). Den Schwachen, Kindern, Greisen und Kranken gilt die liebevolle Sorge der Regel St. Benedikts. Darin kommt ihre Milde, Weisheit und Menschlichkeit besonders zum Ausdruck (RB 37). Diese menschliche Rücksichtnahme auch bei der täglichen Arbeit gehört zu den hohen Pflichten des Abtes: »Kranke oder schwächliche Brüder sollen eine solche Arbeit oder Beschäftigung bekommen, daß sie nicht untätig sind, aber auch nicht durch Überbürdung in der Arbeit niedergedrückt oder gar zur Flucht veranlaßt werden. Der Abt muß auf ihre Schwäche Rücksicht nehmen« (RB 48, 24 f.).

Walahfrid weist ausdrücklich darauf hin, daß seine Bemerkungen zur Pflanzenheilkunde teils auf Gehörtem (Hort. 320), teils aber auch auf gesicherter Erkenntnis (Hort. 319) beruhen. Er betont damit auch für die Arzneipflanzen seine praktische Erfahrung, die er im Hinblick auf den Gartenbau in der Eingangsstrophe deutlich gemacht hat (Hort. 17, 18). Oft stellt er nämlich auch Wirkungen und Anwendungen fest, ohne sich auf Allgemeinwissen zu berufen (Hort. 95, 96, 189, 201, 226, 243–248, 256, 355–358, 363–368). Manchmal gibt er besonders lebendige Anweisungen (Hort. 191, 317). In der Fenchelstrophe deutet Walahfrid den Gegensatz zwischen Erlerntem und

23 Aemilius Baehrens, PL minores III, Lipsiae 1881, S. 103 ff.: Quintus Serenus Samonicus (3. Jh.), liber medicinalis. Serenus Samonicus erklärt ausdrücklich, daß er sein Wissen aus Büchern zusammengetragen hat. Vgl. Martin Schanz, Carl Hosius und Gustav Krüger, Geschichte der Römischen Literatur, München 1922, S. 28. Das aus 1107 Hexametern und 63 Rezepten aus Pflanzen und Tierwelt, Schmutz und Zaubersprüchen gefügte Gedicht beginnt mit einer dürftigen Anrufung des Phoebus und endet ebenso dürftig mit einem Hämorrhoidenrezept. – Welch ein Gegensatz zum Hortulus!

24 Basilius Steidle, Die Benediktsregel, Beuron 1975. Die Regel des hl. Benedikt (6. Jh.) und der »Mutterboden« i. S. von B. Steidle, aus dem sie gewachsen ist, darf als geistige Grundlage des Hortulus gelten. Auf die lebendige Darstellung von B. Steidle, die Regel St. Benedikts, Beuron 1952, wird besonders hingewiesen. Die im folgenden zitierten Stellen beziehen sich jeweils auf dieses Werk. Der Regeltext folgt B. Steidle 1975.

25 Johannes Duft, wie Anm. 17, S. 15–18. Vgl. dazu auch Basilius Steidle, »Ich war krank und Ihr habt mich besucht«, Bened. Mon. 41, 1965, S. 36–46, S. 99–113, S. 189–206.

Erfahrenem (Hort. 215, 216) an. Klarer tritt sein eigener Standpunkt gegenüber der Praxis der Ärzte dann in der Sclaregastrophe hervor. Auch in der Selleriestrophe wird die Meinung anderer der eigenen (quamvis-tamen) gegenübergestellt. Die Ärzte erwähnt Walahfrid nur zweimal, und zwar distanziert gegenüber ihrer Auffassung in der Sclaregastrophe (Hort. 278) und in der Ambrosiastrophe, wahrscheinlich im Zusammenhang mit der Aderlaßpraxis (Hort. 372–374) [26]. Würdigt man all dies nicht nur als stilistisches Kunstwerk, so kommt Walahfrid hier dem hohen Ideal nach, das Benedikt ganz allgemein und nicht zuletzt auch hinsichtlich der Krankenpflege vom Abt zeichnet.

Gartenanlage

Die Eigenart des Gedichtes bringt es mit sich, daß sich die Anlage von Walahfrids Gärtlein recht gut rekonstruieren läßt. Es lag innerhalb der Klausur. Nach der Regel des hl. Benedikt soll das Kloster so angelegt sein, daß sich alles Notwendige, nämlich Wasser, Mühle, Garten usw. innerhalb des Klosters befindet. »So sind die Mönche nicht genötigt, draußen herumzulaufen, denn das ist für ihre Seelen durchaus nicht zuträglich« (RB 66).

Ein quadratischer Innenhof (Atreolum) schloß sich, wenn man dem Text des Hortulus folgt, östlich an die Abtswohnung an (Hort. 33) und war von dort aus betretbar. Gegen Süden begrenzte ihn die Mauer eines höheren Gebäudes (Hort. 63–67). Ein Teil des Gartens blieb ohne Regen, weil ein hohes Dach ihn bedeckte. Man könnte an ein Vordach im Atrium denken. Der Kürbis wurde in der Nähe einer Säulenhalle mit Rundbögen gezogen (Hort. 125). Es handelte sich um ein ziemlich anspruchsvolles Steinhaus. Im Garten selbst lagen wohl unter Einschluß des Costus-Beetes, dem keine eigene Strophe gewidmet ist (bei Tit. 17 Sclarega, Hort. 281–283), 24 Beete (areolae), zum Teil an den Mauern entlang (Hort. 63), in schönen Reihen (Hort. 361, 387). Die Beete waren von Hölzern begrenzt und gehäufelt, damit die Erde nicht auf die Wege wegrutschen konnte (Hort. 47). Ein Zentrum, wie etwa im Kreuzgang des St. Galler Klosterplanes, fehlte. Dagegen entspricht Walahfrids Garten in der Anlage und in der Bepflanzung ganz dem des Arztes, dem Herbularius, im Reichenauer Klosterplan in St. Gallen (vgl. Abb. 1).

Die Beschreibung im Hortulus stimmt auch mit den Grabungsergebnissen von Reisser [27] überein. Im traditionellen Gartenbereich östlich des Klausurgevierts [28] hat Reisser

26 Die Stelle konnte bisher medizingeschichtlich nicht gedeutet werden, da man stets von der falschen Pflanze ausgegangen war. Eine Deutung aus medizinischer Sicht wäre sehr erwünscht.

27 Emil Reisser, Die frühe Baugeschichte des Münsters zu Reichenau, Berlin 1960, S. 1, 19, 25, 26, Abb. 277, 279.

28 Vgl. Tafelbild mit dem Wappen des Bischofs Jak. Fugger im Reichenauer Münster, vor 1616: E. Reisser, wie Anm. 27, Abb. 2.

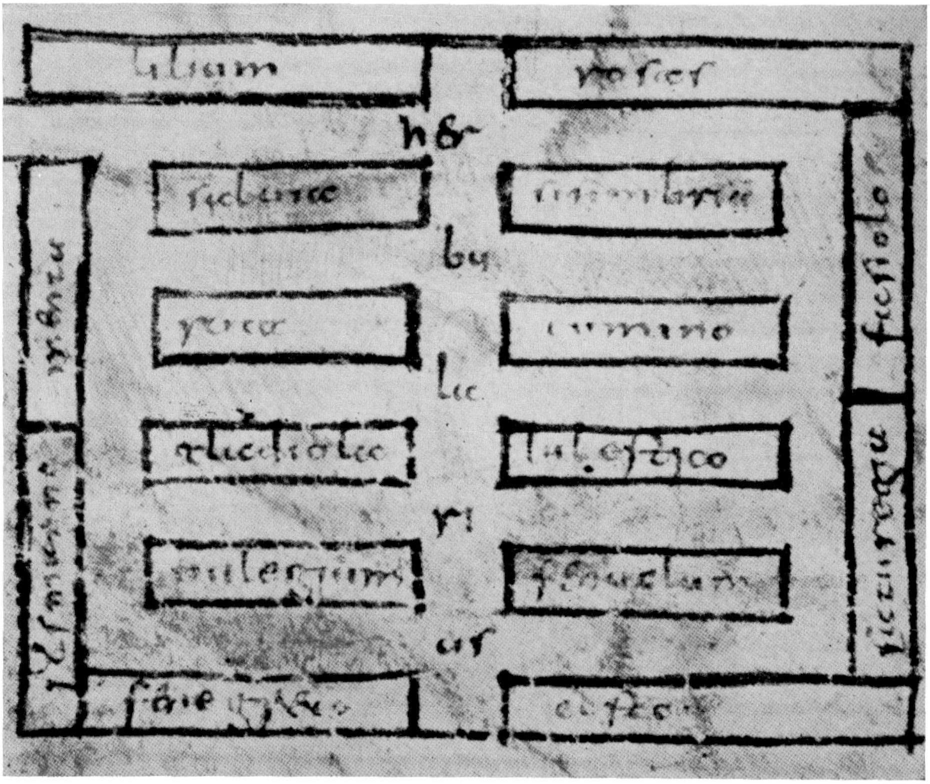

Abb. 1 Heilkräutergarten (Herbularius) im St. Galler Klosterplan mit 16 Pflanzen in ebensoviel Beeten

ein Bauwerk mit dem Grundriß einer römischen Risalitvilla ausgegraben, die das Vorhandensein eines Innenhofes wahrscheinlich macht (vgl. Abb. 3). Es geht hier aber mehr um den Bautyp der Anlage und um die Möglichkeiten, die sich aus der Atriumbauweise eröffnen, als um die genaue Lokalisierung des historischen Hortulus – was allerdings keineswegs ausgeschlossen erscheint!

Der Herbularius des nur wenig älteren Klosterplans in St. Gallen [29], der, wie der Hortulus selbst, als Botschaft der Reichenau an St. Gallen belegt ist, zeigt damit eine erstaunliche Ähnlichkeit mit der Gartenbeschreibung des Hortulus [30]. Zwar werden dort nur sechzehn Beete aufgeführt, im Hortulus dagegen vierundzwanzig. Ohne Schwierig-

29 Wie Anm. 4.

30 Freilich ist z. B. noch die Unstimmigkeit der Zuordnung zu den Gebäuden zu klären. Der Herbularius ist nicht dem Abtshaus zugeordnet, sondern dem Ärztehaus, doch sind beide nicht weit voneinander entfernt.

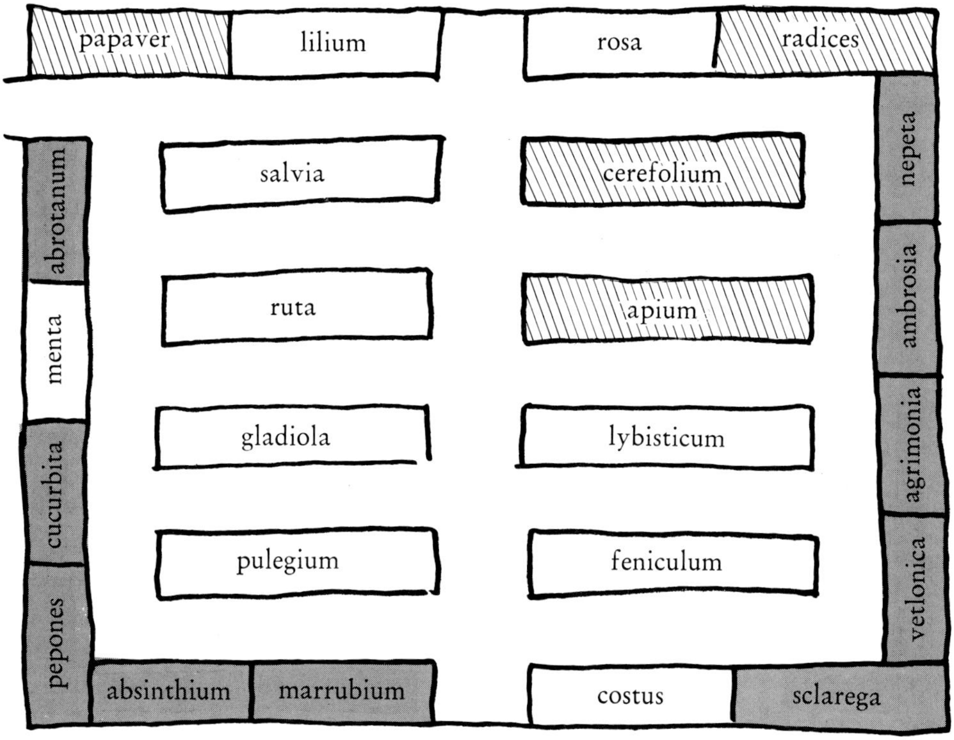

Abb. 2 Der Hortulus Walahfrids, verglichen mit dem Grundriß des Herbularius aus dem St. Galler Klosterplan. ▭ = identische Pflanzen; ▨ = Pflanzen aus dem Gemüsegarten des Klosterplans; ▭ = Pflanzen, die im Hortulus hinzukamen. Durch Teilung der Außenbeete können ohne Änderung des Aufbaus acht weitere Beete aufgenommen werden.

keiten erhält man jedoch im St. Galler Klosterplan acht weitere Beete, wenn man die acht Randbeete oder die acht Innenbeete halbiert, denn die Beete des Klosterplans sind recht lang. Die zwölf kürzeren Beete sind drei Fuß breit und zwölf Fuß lang (Salvia, Ruta, Gladiola, Pulegium, Sisimbria, Cumino, Lubistico, Feniculum Sataregia, Fasiolo, Rosmarino, Menta), drei Außenbeete sind 18 Fuß lang (Lilium, Rosas, Costo) und ein Außenbeet fünfzehn Fuß (Fenagreca). Rosen- und Lilienbeet sowie vermutlich Salbei- und Rautenbeet liegen im Klosterplan und im Hortulus (Hort. 405) nebeneinander. Der gesamte Herbularius ist in der Nord-Süd-Erstreckung vierzig Fuß, in der Ost-West-Erstreckung dreißig Fuß lang[31]. In diesem Rahmen liegen auch etwa die Maße des von Reisser ergrabenen Innenhofes (vgl. Abb. 1 und 2).

31 Für die Berechnung bin ich W. Erdmann dankbar: Der Fuß ist als drusianisches Fußmaß mit 33,29 cm angesetzt: F. V. Arens, Das Werkmaß in der Baukunst des Mittelalters, Würzburg 1938; W. Horn u. E. Born, wie Anm. 4.

Abb. 3

Frühmittelalterliches (?) Gebäude mit Innenhof (Vordergrund) und nach Osten vorspringenden, seitlichen Risaliten (hinten rechts und links). Deutung ungewiß: Abtshaus, Krankenhaus oder Novizenhaus? Aufnahme Theodor Keller 1937 (von West nach Ost).

Das Gebäude war 1937 von Emil Reisser ausgegraben und nur in kurzen Notizen sowie äußerst kleinen Plänen vorgestellt worden: E. Reisser, Die frühe Baugeschichte des Münsters zu Reichenau, Berlin 1960, S. 1, 19, 25, 26, Abb. 277 (Befund), 279 (Rekonstruktion). Hier wird erstmals ein Photo (Montage) vorgelegt, das den ergrabenen Grundriß im Befund zeigt. Emil Reisser schreibt (S. 1): »Von ihm (dem alten Kloster) ist bisher ein Flügel mit fünf Räumen ausgegraben worden. Die letzteren sind nebeneinander nach dem Umriß der römischen Risalitvilla angeordnet. Vier von ihnen haben Feuerstellen, wie sie im St. Galler Klosterplan in verschiedenen Räumen

eingezeichnet sind. Im fünften, vermutlich jüngeren, fanden sich Reste eines gemauerten Ofens mit Aschengrube. In allen Räumen sind die Böden aus Kalkmörtel. Der mittlere Raum hatte entlang der Wände eine gemauerte Bank sowie einen Tisch mit gemauerten (!) Füßen. An der Außenseite von drei Räumen liegen Nebenräume von nur anderthalb Meter Breite, die als Latrinen- oder Vorratsräume anzusprechen sind. Nach Westen fortlaufende Mauerzüge lassen das Vorhandensein eines Innenhofes vermuten. Das Gebäude dürfte, nach dem bisherigen Befund und seiner Lage zur alten Klausur, das Kranken-(Siechen-)Haus des Klosters gewesen sein. Merkwürdigerweise ist es auf Pfählen gegründet. Überliefert ist zu dem Gebäude nichts.« – Der anzunehmende Innenhof und der Raum zwischen den östlichen Resaliten hat Abmessungen, wie sie für eine Hausgartenanlage anhand des Hortulus von Hans-Dieter Stoffler erschlossen werden (vgl. S. 15). Aufgrund des bisher ergrabenen Befundes muß die Deutung des Gebäudes ungewiß bleiben.

Wolfgang Erdmann

Zahlensymbolik

Auffallend ist die quaternäre Struktur des Herbularius und des Hortulus. 4 x 4 Beete liegen im Herbularius, 2 x 4 treten im Hortulus hinzu. Zwischen Einleitung und Widmung finden sich 2 x 12 Strophen. Jeweils die zwölfte ist der Lilie gewidmet. Das Gärtlein ist quadratisch angelegt. Das Gedicht selbst hat 444 Hexameter; hier wird die Vierzahl dreifach unterstrichen und gesteigert [32]. Sie ist dem Bereich der Natur entnommen: Vier Elemente, vier Jahreszeiten, vier Naturen der Körper (trocken, feucht, kalt, warm) zeigen bei Augustinus den Symbolcharakter der Vierzahl auf. Die Zahl vierzig bedeutet das mühselige irdische Wirken. Schließlich werden aber auch die vier Kardinaltugenden, die vier Evangelien und das Kreuz Christi als Maß der Länge, Breite, Höhe und Tiefe der Gottes- und Nächstenliebe durch die Vierzahl versinnbildlicht. Das quaternäre Maß bleibt geheimnisvoll und ist durch Herumraten nicht zu deuten. Doch scheint der Text aus der Geheimen Offenbarung (22,2) eine innere Beziehung zu erschließen:

> »Der mit mir redete, hatte ein goldenes Meßrohr, um die Stadt, ihre Tore und ihre Mauer auszumessen. Die Stadt ist in einem Viereck angelegt, so lang wie breit ... Er maß auch ihre Mauer, einhundertvierundvierzig Ellen nach dem Maß der Menschen, das auch das der Engel ist. Und mitten auf der Straße zu beiden Seiten des Stromes stand der Baum des Lebens, der zwölfmal Früchte trägt, in jedem Monat bringt er seine Frucht. Die Blätter des Baumes aber dienen den Völkern zur Heilung.«

Damit werden wir aber auch auf den inneren Zusammenhang mit dem Garten des Kreuzgangs im Klausurbereich des Klosterplanes hingewiesen, in dessen Mitte der immergrüne Sevibaum als zeichenhafter Baum des Lebens genauso seinen Platz hat wie inmitten des Friedhofes, der ja zugleich Obstgarten ist, das Kreuz Christi, an dem »des ewigen Heiles Früchte duften«.

32 Ursula Grossmann, Studien zur Zahlensymbolik des Frühmittelalters, in: (Zeitschr. f. kath. Theologie, Bd. 76, Heft 1, 1954). Hinsichtlich der Bedeutung der Vierzahl bei Augustin vgl.: Epistola LV, 15 (PL 33,218); Sermo CCIII, 3 (PL 38,1036); Sermo CCLII, 10 (PL 38,1177); De doctrina Christiana II, 16 (PL, 34,48); De diversis quaestionibus LXXXIII (PL, 40,40); Enarratio VI (PL 39,91); LIX (PL 36,715), LXXXVI (PL 37,1164). Besonders schwierig ist die zahlensymbolische Deutung des Hortulus aber deshalb, weil weder Erklärungen beigegeben noch offensichtlich sind.

Bauerngärten

Im Hortulus Walahfrids und im Herbularius des Klosterplans wird, von der Anlage und Bepflanzung her gesehen, ein Gartentyp beschrieben, der uns vor allem in den Bauerngärten bis in unsere Tage häufig begegnet. Zwanglos lassen sich Abweichungen auf dieses Muster zurückführen [33].

Das Wegkreuz war das Grundmaß für die Aufteilung des Bauerngartens. Eigenes ungeordnetes Gutdünken bei der Gartengestaltung war undenkbar. Auch die Einfassung, die Anlage der Beete und die Funktion als Mehrzweckgarten lehnten sich an alte Vorbilder an. Ebenso hielten sich die Pflanzen des monastischen Kräutergartens in Bauerngärten erstaunlich lange bis in unsere Zeit. Zwar kamen, vor allem auf Grund des Kontakts mit dem Morgenland und der Neuen Welt, viele andere Pflanzen hinzu, doch erkaufte man die Bereicherung durch Neues nicht mit der Verarmung an Altbewährtem.

Ein schönes Beispiel für den Aufbau eines derartigen Bauerngärtleins gibt Ditrich in seinem Gartenbüchlein für den »Landmann, den Bürger der niedrigsten Classe, wie auch den Prediger und Schullehrer auf dem Lande« [33a]: »Ein recht winklichtes oder längliches Viereck ist am bequemsten. Zwey Hauptgänge ... mitten durch den Garten und ein Gang um den Garten herum, sind hinlänglich. An diesen Gängen laufen die Rabatten hin, die nach der Größe des Gartens 3–5 Schuh breit sein können ... Eine mäßige hohe Lehmwand (Wellerwand) wäre die beste Befriedigung ... Sie sichert gegen Thiere, gegen Samen des Unkrauts ... und erlaubt eine schöne Benutzung durch Anlage von Spalierbäumen und Wein.« Das ist, mit geringfügigen Änderungen, nichts anderes als das schlichte aber praktische und geordnete Modell des Klosterplans, wie es auch im Gedicht der Clara Hätzlerin, das bei der Beschreibung der Poleistrophe wiedergegeben wird, zum Ausdruck kommt (vgl. S. 38).

Im Geviert der Bauerngärten ist Kräutersegen, Blumenzier und Gemüsebau innig vereint. Auch hier schämt sich die Rose nicht, neben dem Rettich, die Lilie nicht, neben dem Kerbel zu wachsen.

33 Zur Geschichte der Gartenkunst vgl. Dieter Hennebo u. Alfred Hoffmann, Geschichte der Deutschen Gartenkunst, Hamburg 1962, Bd. I; Dieter Hennebo, Gärten des Mittelalters. Vgl. dort vor allem S. 21–49. Zu den Bauerngärten der an den Hegau angrenzenden schweizerischen Gebiete vgl. Dietrich Wössner, Der Bauerngarten, in: Neujahrsblatt der Naturforschenden Gesellschaft Schaffhausen, 18, 1966. Vgl. auch Hermann Christ, Zur Geschichte des alten Bauerngartens der Schweiz und angrenzender Gegenden, Basel 1923. Eine umfassende Darstellung gibt Albert Hauser, Bauerngärten der Schweiz, Zürich 1976.

33a J. H. Ditrich, Baiersches Natur- und Kunst-Gartenbuch für Gärtner, Stadtamhof 1803.

Die Pflanzen des Hortulus[34]

SALVIA *Gartensalbei, Salvia officinalis und Salvia tomentosa*[35]

Warum stirbt denn überhaupt der Mensch, dem Salbei im Garten wächst, fragt das Regimen sanitatis Salerni um 1100 n. Chr.[36]. Dies drückt die außerordentliche Hochschätzung der Gartensalbei als Heilpflanze während des gesamten Mittelalters aus, denn sie gilt als die »heiligende Ratgeberin der Natur«[37]. So schreibt auch Hieronymus Bock[38]: »Under allen stauden ist kaum ein gewechs / uber die Salbey / dann es dienet dem Artzet / Koch / Keller / armen uñ reichen. Ist ein sonderlich Wurtz denen so nit gehn Frankfurt und Venedig haben zu fahren / von denen es billich in Gärten als die edelst Teutsch wurtz gepflantzt solt werden. Etlich habens dafür / wann sie morgens nüchtern drei spitz Salbey blättlein mit saltz essen / sie seien den selbigen Tag vor Gifft und bösem Luft behütet ... Salbey inn Wasser gesotten / seubert und heylet wunden und biss / von gifftigen thieren geschehen / stillet das blut und seubert die faulen geschwer / heilet den Grind. Salbey in Wein gesotten / damit gegurgelt / benimpt die sehrigkeit des Halses und der kälen ...«

34 In diesem Kapitel sind zahlreiche pharmokologische Angaben eingearbeitet, die im einzelnen nicht mit Literaturangaben versehen sind. Auf folgende moderne, zusammenfassende Darstellungen wird verwiesen: Hagers Handbuch der Pharmazeutischen Praxis, Berlin-Heidelberg-New York, 4. Neuausgabe (bisher nur teilw. erschienen); Heinz-August Hoppe, Drogenkunde, Bd. 1, Berlin-New York 8, 1975; Franz Berger, Handbuch der Drogenkunde Bd. 1–7, Wien 1949–1967; Kürzere Darstellungen, die für den pharmazeutischen Laien i. a. genügen, sind: Hans-Braun, Heilpflanzenlexikon für Ärzte und Apotheker, München 1968. Paul Schauenberg und Ferdinand Paris, Heilpflanzen, München 1970 (370 Pflanzenbeschreibungen und 234 Farbbilder). Es werden ferner in dieses Kapitel auch andere pharmakologische und volkskundliche Quellen aus späterer Zeit aufgenommen.

35 Im Capitulare de villis, im Klosterplan von St. Gallen und in den Inventaren der Hofgüter Asnapium und Treola erwähnt. Herkunft der Salvia officinalis: Südeuropa, der S. tomentosa: Östl. Mittelmeergebiet. Die Herkunfts- und Verbreitungsangaben beziehen sich jeweils auf die Angaben bei H. E. Hess, R. Hirzel, E. Landolt, wie Anm. 8. Die karolingischen Fundstellen sind R. v. Fischer-Benzon, Altdeutsche Gartenflora, Kiel 1894, entnommen. Das verdienstvolle Buch ist immer noch grundlegend für die karolingische Gartenflora.

36 Hermann Fischer, Mittelalterliche Pflanzenkunde, München 1929, Nachdr. Hildesheim 1967, S. 19.

37 Nach Lottlisa Behling, Die Pflanze in der Mittelalterlichen Tafelmalerei, Köln 1967, S. 55.

38 Hieronymus Bock (1498–1554). Einer der »Väter der Botanik«, Schullehrer, Prediger, Aufseher des herzoglichen Gartens und Arzt des Grafen von Nassau. Durchwanderte Westdeutschland, die Ardennen, den Jura und die Schweizer Alpen. Schrieb das »New Kreuterbuch vom Unterscheidt, Wirkung und Namen der Kreuter so in Teutschen Landen wachsen«, Straßburg 1539, 1551, 1552. Vgl. Claus Nissen, Kräuterbücher aus fünf Jahrhunderten, München 1956.

Abb. 4

Die im Bodenseegebiet in Gärten kultivierte und nur selten verwilderte Salbei gehört meist zu einer nahe verwandten ostmediterranen Art (S. tomentosa Miller) mit größeren, 5–10 cm langen und 2–5 cm breiten, oberseits dicht behaarten, am Grunde herzförmigen Blättern. (Vorkommen z. B. Reichenau, Bradlen.)

Zusammen mit der Raute steht die Salbei im Capitulare de villis und im Klosterplan, ein unzertrennliches Pflanzenpaar, das ganze Mittelalter hindurch. Lohn ihrer Heilkraft sind die wintergrünen Blätter (Hort. 79) [39]; diese bedeuten seit der Antike ewiges Leben. Die Stoffe der Salbeidroge gelten heute als bekannt. Sie enthalten vor allem ätherisches Öl und Bitterstoffe. Salbei wirkt schweißhemmend, zusammenziehend [40] und schwach bakterizid. Salbeitee wird bis heute zum Gurgeln bei Halskrankheiten verschrieben, und in der Volkshygiene wurden Salbeiblätter gerne als »Zahnbürste« verwendet [41].

In der Küche wird Salbei zu fetten Gerichten wie Hammel und Aal als Würze gebraucht. Salbeiblätter, in Omeletteteig getaucht und in Fett gebacken, gehören zu den

39 Vgl. Johann-Heinrich Dierbach, Flora mythologica, Wiesbaden 1833, Neudruck 1970, Dieter Hennebo, wie Anm. 33, S. 32 f., erklärt Juniperus sabina den Sefi (alem. nicht Sadebaum) im Zentrum des Kreuzgangs des Klosterplans als Kultpflanze. Eine antike, kultische Bedeutung der Salbei ist bei Dierbach nicht nachgewiesen. Die in unserem Klima nur bedingt winterharten, immergrünen Gewächse Lorbeer und Rosmarin kommen zwar im Klosterplan, nicht aber im Hortulus vor.

40 Adstringierend = zusammenziehend nennt man Arzneimittel, die in den obersten Zellschichten eine Schrumpfung des Gewebes hervorrufen, wodurch eine Schutzdecke gegen Entzündungsreize gebildet wird. Die so »gegerbte« Oberfläche bildet einen schlechten Nährboden für Infektionserreger.

41 Vgl. z. B. Giovanni Boccaccio, Decameron, 4. Tag, 7. Geschichte von Simona u. Pasquilino.

alten alemannischen Freitagsspeisen. Sie werden auf der Reichenau heute als »Salvinemüsli« bezeichnet. Hierzu eignet sich besonders *Salvia tomentosa,* die früher im Bodenseegebiet allgemein verbreitete Art, da sie größere und rauhere Blätter besitzt. Auch von der hl. Hildegard erfahren wir volksnahe Salbeirezepte:

> »Wer an starker Verschleimung und stinkendem Atem leidet, soll Salbei in Wein kochen und öfter trinken. Gegen Appetitlosigkeit dient eine Würze aus Salbei, Kerbel und Zwiebel in Essig« [42].

Seiner Heilkraft wegen ist der Salbeistock in Kunst und Dichtung des Mittelalters nicht selten zu Ehren gekommen [43]. In unserer Zeit hat ihm Francis Jammes in seinem Hasenroman einen schönen Platz im Garten Gottes eingeräumt: »Es war dieser Garten der einfachste und schönste ... Und zu Gott, voll heiteren Vertrauens, nicht hochmütig noch kriechend, erhob ein Salbei sein geringes Rüchlein« [43a].

RUTA *Weinraute, Ruta graveolens* [44]

Die dekorativ gefiederten Blätter von blaugrüner Farbe, herbem, aromatischem Geruch und beißend-würzigem Geschmack wurden zu Heil- und Würzzwecken seit der Antike benützt [44a]. Wohl nach Dioscurides [45] zitiert Walahfrid die Verwendung der Weinraute als Gegengift. St. Hildegard [46] erwähnt sie wie Albertus Magnus [47] als Antiaphrodisiakum und als Augenheilmittel. Walahfrid geht es mehr um die Beschreibung von Farbe, Duft, Licht und Schatten des »Rautenwäldchens« (Hort. 83–90). Bei der pharmakologischen Anwendung zitiert er lediglich, ohne zu urteilen. Die Raute gilt heute als leichtes Spasmo-Sedativum. Das ätherische Öl wirkt in höheren Dosen als Abortivum. Als Abwehrmittel (Hort. 89) erlangte sie auch volkskulturelle Bedeutung. Fünfzäh-

42 HILDEGARD V. BINGEN, Naturkunde, nach den Quellen übersetzt und erläutert von P. RIETHE, Salzburg 1959, S. 30, dort auch weitere Anwendungen der Salbei. Hildegard von Bingen (1098–1179), gründete die Klöster Rupertsberg und Eibingen; Ärztin, Naturforscherin, Äbtissin, Schriftstellerin von großer sprachlicher Kraft und tiefer Weltsicht. Zahlreiche Rezepte der hl. Hildegard sind neuerdings wieder aufgegriffen in GOTTFRIED HERTZKA, So heilt Gott, Stein am Rhein 1970.

43 Vgl. vor allem LOTTLISA BEHLING, wie Anm. 37.

43a FRANCIS JAMMES, der Hasenroman, nach der Übertragung von Jakob Hegner.

44 Im Capitulare de villis, im Klosterplan von St. Gallen und im Inventar von Asnapium. Ursprünglich südosteuropäische Pflanze. Die Raute als Gartenkraut wird bei Luk. 11,42 erwähnt. Die Stelle spricht für den umfangreichen Anbau in der Antike.

44a So ist z. B. das Morteum, ein mit Knoblauch, Sellerie und Koriander angemachter Kräuterkäse römischer Bauern auch mit Weinraute gewürzt. Vgl. KARL BÜCHNER, P. Vergilius Maro. Der Dichter der Römer, Stuttgart 1966, S. 155.

45 Wie Anm. 19.

46 HILDEGARD V. BINGEN, wie Anm. 42, S. 30.

47 Albertus Magnus (1193–1280) Theologe, Philosoph und Naturforscher. Umfassende Lehrtätigkeit. Wichtig sein Buch: de vegetabilibus libri VII, historiae naturalis pars XVIII, Berlin 1867.

Abb. 5 *Ruta graveolens*

Abb. 6 *Artemisia abrotanum*

lige Fruchtkapseln halfen im Volksglauben gegen allerlei Schaden. Der Vergleich mit dem Schrättelefuß (Pentagramm) als Abwehrzeichen drängt sich auf. Die Blütenteile der Raute sind normalerweise vierteilig, fünfzählige Blütenteile sind eine häufige Ausnahme.

ABROTANUM *Eberraute, Artemisia abrotanum* [48]

Die Pflanze fällt durch ihre haarfeinen, fiederteiligen Blätter und durch ihren angenehmen Zitronengeruch auf, der sie, ähnlich anderen aromatischen Kräutern, besonders für die Verwendung in Duftsträußchen anbietet. Wenn Walahfrid schreibt, die Eberraute helfe den Gliedern, »die unter der unberechenbaren Gewalttätigkeit des tückischen Podagra leiden« (Hort. 96, 97), so mag das wohl der heutigen Verwendung in der Homöopathie gegen Rheumatismus entsprechen [49]. Als widerstandsfähiger und recht anspruchsloser, dekorativer und aromatischer Strauch ist die Eberraute genauso wie Salbei und Weinraute eine besondere Zier jedes Würzgartens.

48 Im Capitulare und im Inventar Treola aufgeführt, fehlt im St. Galler Klosterplan, Herkunft: Osteuropa, Westasien, Balkan, Mittel- und Südrußland, Kleinasien.

49 Frdl. Mitteilung von Herrn Dr. Beuttel, Waldshut, dessen Vorlesungen über Pharmakognosie im Sommersemester 1955 an der Universität Freiburg/Br. ich manche Anregung verdanke.

Abb. 7
Cucurbita lagenaria

CUCURBITA *Flaschenkürbis, Cucurbita lagenaria* [50]

Die Kürbisstrophe gehört mit Recht zu den meistbestaunten und zitierten Teilen des Hortulus [51]. Die saftigen Stücke dienen als leckerer Nachtisch, die feste Fruchtwand wird zum weiten Bauch eines Kruges. Das Flaschenkürbisrezept Walahfrids (Hort. 136–142) ist schon bei Apicius bekannt [52]. Dort finden wir Rezepte für Kürbisgerichte, die mit Hilfe zahlreicher Kräuter aus der Pflanzenwelt des Hortulus bereitet werden: Raute, Minze, Liebstöckel, Sellerie, Polei. Der Flaschenkürbis ist eine sehr üppige, einjährige Schlingpflanze, deren Anbau sich heute noch lohnt, zumal die Früchte im Spätsommer dekorativ wirken und nach der Ernte im Laufe des Winters zu den von Walahfrid beschriebenen Kalebassen werden. Die Vegetationszeit der frostempfindlichen und wärmeliebenden Pflanze ist in unserem Klima allerdings oft etwas zu kurz bemessen.

50 Im Capitulare aufgeführt, fehlt im Klosterplan und in den Inventaren Asnapium und Treola. Herkunft: Afrika, Ägypten.

51 Z. B. bei Ursmar Engelmann, Die Reichenau, Urkunden und Bilder aus Kunst und Leben, Beuron 1955. Vgl. auch S. 9.

52 Marcus Gavius Apicius, römischer Feinschmecker aus der Zeit des Augustus und Tiberius. Marcus Gavius Apicius de re coquinaria, zweisprachige Ausgabe, J. André, Paris 1965 und J. André, L'alimentation et la cuisine à Rome, Paris 1961. Ferner: Elisabeth Alföldi-Rosenbaum, Das Kochbuch der Römer, Zürich 1970. Hier Rezepte Nr. 73, 75, 76, 77, 79, 80 (cucurbita ist nicht mit Zucchetti zu übersetzen, es handelt sich auch hier um Flaschenkürbisse).

PEPONES *Melone, Cucumis melo* [53]

Auch die Melone ist offensichtlich als geschätzter Nachtisch an der Tafel des Abtes anzusehen. Die Lebendigkeit der Darstellung schließt jeden Zweifel an der Wirklichkeitsnähe aus: »Froh empfängt dann der Gast der Gärten köstlichen Reichtum und der Gaumen erfreut sich an der Reinheit und Natürlichkeit des Geschmacks« (Hort. 176–180). In der Melonenstrophe kommen die Gäste des Klosters zu besonderen Ehren. Denn alle eintreffenden Gäste sollen ausnahmslos freundlich aufgenommen werden (RB 53). Daher soll das Kapitel über den Empfang der Gäste in Auszügen wiedergegeben werden:

»Alle Gäste, die zum Kloster kommen, sollen wie Christus aufgenommen werden; denn er wird einmal sagen: Ich war Gast, und ihr habt mich aufgenommen (Gal. 6,10). Allen soll man die Ehre erweisen, die ihnen zukommt, besonders den Brüdern im Glauben und den Pilgern. Sobald ein Gast gemeldet ist, sollen ihm der Obere und die Brüder mit aller Freundlichkeit entgegengehen, wie es die Liebe verlangt. Zuerst sollen sie gemeinsam beten, dann sich den Friedenskuß geben. Bei der Begrüßung behandle man alle Gäste mit großer Bescheidenheit. Man liest dem Gast zur Erbauung aus dem göttlichen Gesetz vor. Dann soll man ihn sehr freundlich bewirten. Der Obere bricht des Gastes wegen das Fasten, außer es handle sich um einen besonderen Fasttag, der gehalten werden muß. Der Abt reicht den Gästen Wasser für die Hände. Der Abt und ebenso die gesamte Klostergemeinde waschen allen Gästen die Füße.

Ganz besondere Aufmerksamkeit soll man der Aufnahme von Armen und Pilgern schenken; denn in ihnen wird mehr als in anderen Christus aufgenommen. Die Reichen

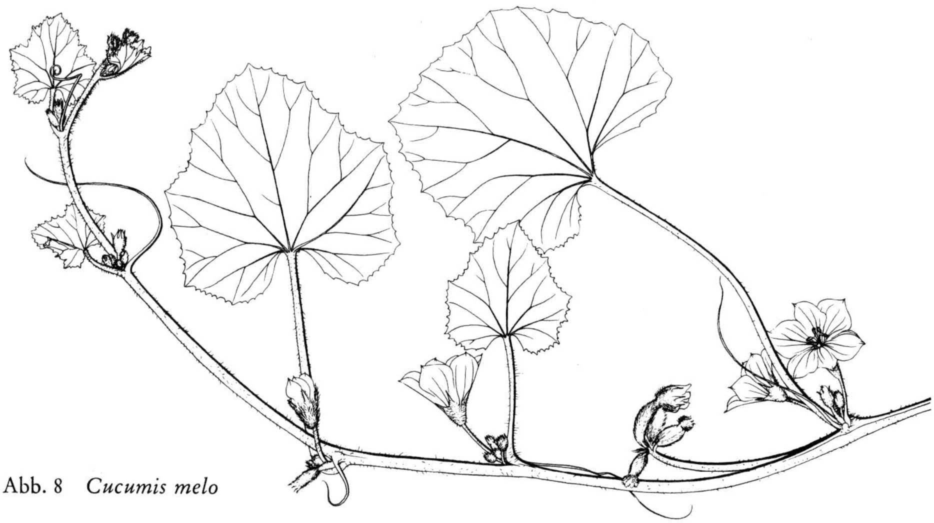

Abb. 8 *Cucumis melo*

53 Im Capitulare aufgeführt, fehlt im Klosterplan und in den Inventaren Asnapium und Treola. Ursprünglich in Südasien und Afrika beheimatet.

sorgen schon durch ihr herrisches Auftreten dafür, daß sie geehrt werden. Abt und Gäste sollen eine eigene Küche haben, damit die Gäste, die zu unbestimmten Zeiten kommen, die Brüder nicht stören.«

Auch für das Ausreifen der Melone – um auf die dem Gast gewidmeten Früchte zurückzukommen – ist heute die Sommerwärme und Vegetationszeit auf der Reichenau knapp bemessen, aber in geschützten Lagen ist es durchaus noch möglich.

ABSINTHIUM *Wermut, Artemisia absinthium* [54]

Der Wermut ist als Bittermittel heute noch allgemein bekannt: »Was bitter dem Mund, ist dem Magen gesund«. Die Droge wirkt anregend auf die Sekretion der Magendrüsen und ist daneben leicht krampflösend, desinfizierend und schweißhemmend. Walahfrid empfiehlt auch eine Verordnung gegen Kopfweh, die der Verfasser aus eigener Erfahrung als hilfreich bestätigen kann. Auch St. Hildegard weist auf die hervorragende Wirkung des Wermuts bei allen Schwächezuständen hin: »Mache vom Saft einen genügend großen Aufguß auf Wein und feuchte das ganze Haupt des Kranken an und tue das zur Nachtzeit, wenn du schlafen gehst. Stecke den Kopf ganz in eine wollene Mütze bis zum Morgen und das Kopfweh und der Schmerz von der Gicht im Kopf wird vergehen ... Ein Trank aus viel frischem Wermutsaft und einer Abkochung von Honig und Wein beseitigt die Melancholie, klärt die Augen, stärkt das Herz und die Lunge, wärmt den Magen, reinigt die Eingeweide und bringt gute Verdauung, wenn er von Mai bis Oktober an jedem dritten Tag nüchtern genommen wird« [55]. Auch die späteren Kräuterbücher haben die Bedeutung des Wermuts unterstrichen, und so kommt es nicht von ungefähr, daß die dekorative, silbergraue Staude in keinem Bauerngarten fehlte. Bemerkenswert ist im Gedicht der Vergleich mit dem Beifuß, der »Mutter der Kräuter« (Artemisia vulgaris), den Walahfrid klar von Artemisia absinthium unterscheidet.

MARRUBIUM *Andorn, Marrubium vulgare* [56]

Auch bei der Beschreibung des Andorns fällt zunächst auf, daß Walahfrid die Pflanzen keineswegs ausschließlich von der Form und der Farbe her bestimmt, wie dies bei modernen Pflanzenbüchern üblich ist. Für ihn gehören Duft und Geschmack gleichrangig zu den jeweiligen Eigenschaften der Pflanzen. Die »ärgerlichen Beklemmungen«, ge-

54 Fehlt in den karolingischen Quellen: Weder im Capitulare noch in den Inventaren, auch nicht im Klosterplan genannt. Aber St. Ambrosius empfiehlt schon eine Wermutsalbe gegen Mükkenstiche (Exam. III, 8,37). Verbreitung: Gemäßigte Zonen Europas und Asiens, kontinentale Gesamtverbreitung.

55 Wie Anm. 42, S. 39.

56 Fehlt in den früheren karolingischen Quellen, obwohl es sich um eine seit Hippokrates officinelle Pflanze handelt, d. h. eine Pflanze, die zum selbstverständlichen Heilmittelvorrat der Apo-

Abb. 9 *Artemisia absinthium*

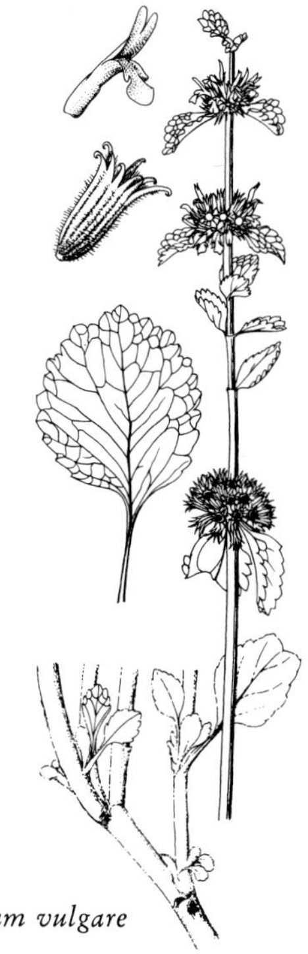

Abb. 10
Marrubium vulgare

gen die Walahfrid den Andorntee anwendet, sind schwer zu deuten. Später, bei Mattiolus [57], ist der Andorn ein »Allerweltskraut« gegen verschiedenste Krankheiten. Heute wird er in der Homöopathie bei Erkrankungen des Magen-Darm-Leber- und Galletraktes verwendet. Er gilt vor allem als Choleretikum, also als Heilmittel, das die Gallesekretion anregt.

Bemerkenswert ist, daß Walahfrid den Andorntee als Gegenmittel bei Eisenhutvergiftungen beschreibt. Der Eisenhut ist seit alters her als gefährlichste Giftpflanze gefürchtet. Die tödliche Dosis der Droge (alle Pflanzenbestandteile) beträgt bereits 2 g. Schon das Pflücken kann gefährlich sein, da das Gift durch die Haut eindringt. Neben dem Schierling wurde der Eisenhut benützt, um Personen hinzurichten oder schnell zu beseitigen und um Speere und Pfeile zu vergiften.

Der Sage nach ist der Eisenhut aus dem Geifer des Höllenhundes Kerberos entstanden, als dieser am Hügel Akonitos in Pontos von Herakles aus der Unterwelt herausgeschleppt wurde (Ovid, metam. VII, Plinius, Naturgeschichte 27,2; vgl. auch das bedeutsame Gegenstück dieser Heraklessage, S. 32).

theken gehörte. Weder im Capitulare noch in den Inventaren, auch nicht im Klosterplan genannt. Ursprünglich mediterrane Pflanze.

57 Pierandrea Mattiolus (1500–1577), Leibarzt Kaiser Ferdinands I., verfaßte einen Dioscurideskommentar und ein Kräuterbuch.

FOENICULUM *Fenchel, Foeniculum vulgare* [58]

Der Fenchel nützt nach Walahfrids Zitat, das er wohl aus Dioscurides nimmt, den Augen. Sein Samen soll ferner, mit Ziegenmilch eingenommen, Blähungen mildern und die Darmträgheit sofort beheben. Bei Husten wird Fenchel mit Wein gegeben. Diese Anwendungen finden wir auch später wieder im Regimen Sanitatis Salerni [59] um 1100 und bei Albertus Magnus [60] sowie bei Hildegard, die den Fenchel besonders empfiehlt: »Der Fenchel hat eine angenehme Wärme, schadet auch roh genossen dem Menschen nicht. In jeglicher Zubereitung heitert er den Menschen auf, bewirkt wohltuende Wärme und Schweiß und fördert die Verdauung ...«

Die Fenchelstrophe Walahfrids ist wenig poesievoll. Sie ist sogar ausgesprochen nüchtern und läßt den verfeinerten Reiz der Pflanzensymbolik des späteren Mittelalters

Abb. 11 *Foeniculum vulgare*

Abb. 12 *Iris germanica*

58 Im Capitulare und im Herbularius des Klosterplans aufgeführt, fehlt in den Inventaren. Ursprünglich mediterrane Pflanze.

59 Vgl. Lottlisa Behling, wie Anm. 37, S. 55.

60 Vgl. Anm. 47, de vegetabilibus, S. 559 f.

noch nicht ahnen, wo etwa der Duft der Gewürzpflanzen bei Konrad von Würzburg [61] mit dem Gewand Mariens verglichen wird:

den venchel und die minzen
salveien unde ruten
wil ich dinem truten
gewande nicht gelichen:
ich will darzuo die richen
aromatwürze mazen,
wand uf der himelsstrazen
darnach vil manec sele quilt.

GLADIOLA *Schwertlilie, Iris germanica* [62]

Die Schwertlilie wird zunächst wegen ihrer Blütenpracht erwähnt, ist sie doch neben Lilie und Rose die einzige Pflanze des Gärtchens mit auffallenden Blütenblättern. Zeugnisse aus jener Zeit für die christliche Symbolik der Schwertlilie sind nicht bekannt. Das früheste überlieferte Zeugnis für die Mariensymbolik der Schwertlilie und für die christliche Symbolik dieser Pflanze überhaupt finden wir in den Offenbarungen der hl. Birgitta von Schweden (1303–1373) [63]. Dort ersetzt die Schwertlilie offenbar die weiße Lilie (Lilium candidum) der Kirchenväter. Demgegenüber erwähnt Walahfrid den Apoll, der den Knaben Hyacinthus beim Diskuswerfen erschlagen hat und aus dessen Blut unter dem hohen Altar des Gottes zu seinem Andenken die Hyacinthe Ovids (metam. 10,210) sproßt, die Walahfrid im Gegensatz zu Tenore und Dierbach [64] sowie Sierp [65] als Schwertlilie interpretiert. Er preist die veilchendunkle Blüte und erwähnt die handwerkliche Bedeutung des Irisrhizoms [66].

61 Konrad von Würzburg (1220/1287), mhd. Dichter, bekannt durch seinen Marienhymnus: Die goldene Schmiede (Stammler-Langosch II 913–928, V 568, Lexikon für Theologie und Kirche, 6. Bd., Freiburg 1961).
62 Im Capitulare und im Herbularius des Klosterplans aufgeführt, fehlt in den Inventaren. Vgl. auch S. 10. Ursprünglich südosteuropäische Pflanze. Als Alternative zu I. germanica ist auch ein anderer Bastard aus dem Formenkreis der I. variegata bzw. der Sektion Pogoniris möglich. Vgl. H. E. Hess/Landolt u. R. Hirzel, wie Anm. 8. Iris sibirica scheidet wegen der fehlenden Verwendungsmöglichkeiten ganz aus. Die Bemerkung von A. Bergmann, S. 722, in: Die Dichtung der Reichenau im Mittelalter, wie Anm. 3, ist phantasievoll aber unzutreffend. Das schmälert freilich nicht seine Leistung, die darin besteht, zum Verständnis des Hortulus als Kunstwerk viel beigetragen zu haben.
63 L. Behling, wie Anm. 37, S. 38.
64 J. H. Dierbach, wie Anm. 39, S. 136, 137.
65 H. Sierp, wie Anm. 3.
66 Darunter versteht man den Wurzelstock der Iris, ihren dicht über dem Boden wachsenden, ausdauernden Sproßteil, aus dessen Endknospe der Blütensproß wächst. Dieser Wurzelstock ist besonders stärkereich.

LYBISTICUM *Liebstöckel, Levisticum officinale* [67]

Die umfassende Liebe zu seinem kleinen Garten läßt Walahfrid im duftenden Kräuterwald, trotz seines geringen Nutzens, auch des kräftigen Liebstöckels gedenken. In der Arzneimittelkunde spielt die Liebstöckelwurzel heute als Diureticum eine untergeordnete Rolle. Dagegen sind die zwei- bis dreifach gefiederten, großen, schwach glänzenden Blätter des stattlichen, würzig duftenden Doldenblütlers als wichtiges Suppenkraut allgemein bekannt. Vielfältig ist auch die Verwendung des Liebstöckels schon bei Apicius [68]. Davon gibt folgendes schlichte Rezept einen Eindruck:

Erbsen oder Bohnen à la Vitellius

»Koche Erbsen oder Bohnen; schäume sie ab. Füge Lauch, Koriander und Malvenblüten hinzu. Während dies weiterkocht, zerstampfe im Mörser Pfeffer, Liebstöckel, Origanum und Fenchelsamen, befeuchte die Mischung mit liquamen (Salzlake mit Fischgeschmack, auch einfach durch Salz zu ersetzen) und Wein und gib sie in den Topf. Nach dem Aufkochen rühre um. Gieße bestes Öl darüber und serviere.«

Die genauso ansehnliche wie praktische Staude sollte in keinem Garten fehlen.

Abb. 13
Levisticum officinale

67 Im Capitulare, im Herbularius des Klosterplans und in den Inventaren aufgeführt. Der deutsche Name hat sich aus dem lateinischen entwickelt. Ursprüngliches Verbreitungsgebiet ist vermutlich der Südiran.

68 Vgl. Anm. 52. Kaiser Vitellius (15–69 n. Chr.), nach dem das folgende Rezept benannt ist, war weniger schlicht: »Sein Appetit kannte keine Grenzen und wirkte geradezu unanständig« (Sueton, Leben der Caesaren).

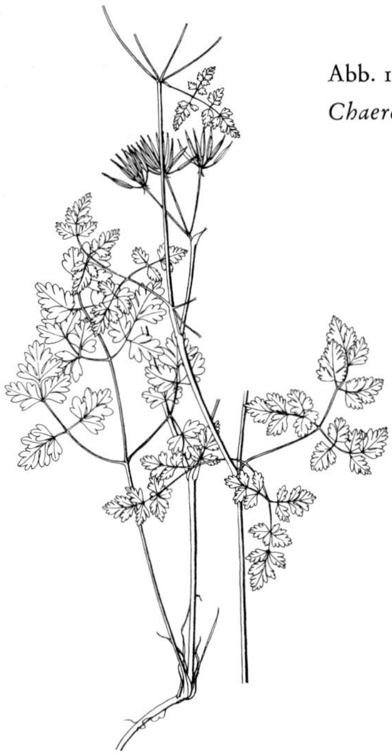

Abb. 14
Chaerophyllum cerefolium

CEREFOLIUM *Kerbel, Anthriscus cerefolium* [69]

Als Heilmittel empfiehlt ihn Walahfrid bei Blutwallungen und mit Poleiminze und Mohn bei Leibschmerzen. Dies entspricht etwa der heutigen Anwendung in der Homöopathie. Daß der Kerbel, nach Walahfrid, aber nicht nur als Heilpflanze, sondern mehr noch als Küchenkraut, Gemüse, Salat und Volksnahrung diente, ist besonders aufschlußreich. Er dürfte damit auch Bedeutung für die Beikost und die Fastenspeise der Mönche gehabt haben. Gartenkräuter und frisches Gemüse spielten bei den Mahlzeiten, vor allem an den Fasttagen Mittwoch und Freitag, eine erhebliche Rolle [70]. Die ägyptischen Mönche, deren vorbildliche, asketische Haltung für Kassian [71] beispielhaft ist, ernährten sich hauptsächlich von Kräutern: »Infolge ihrer strengen und sorgfältigen Art der Enthaltsamkeit sehen sie es als höchsten Genuß an, wenn ein mit Salz vermischtes Kraut, in Wasser aufgeweicht, den Brüdern zur Speise vorgesetzt wird« [72].

69 Im Capitulare und im Inventar von Treola, im Gemüsegarten des Klosterplanes entsprechend den Ausführungen Walahfrids aber nicht im Herbularius. Vgl. auch Anm. 113 wegen der Bedeutung der Kräuter. Ursprünglich wahrscheinlich westasiatische Pflanze.

70 Vgl. RB 39, 3.

71 Johannes Kassian (360–435 n. Chr.), bedeutender Lehrmeister des abendländischen Mönchtums, schrieb u. a. ein Traktat über das gemeinsame Leben im Kloster, dem das folgende Zitat entnommen ist.

72 Vgl. K. S. Frank wie bei Anm. 18, S. 167.

LILIUM *Weiße Lilie, Lilium candidum* [73]

Die Bedeutung der Lilie im Gedicht wird allein schon dadurch unterstrichen, daß sie Walahfrid zweimal, und zwar an den wichtigsten Stellen des Hortulus, hervorhebt: als zwölfter von 23 Pflanzentituli im Zentrum und mit der Rose zusammen im Finale. Im Zentrum wird die leibhaftige Schönheit, die pharmakologische Heilkraft gewürdigt, im Finale die zeichenhafte Schönheit und geistige Heilkraft, dort ein Bild der leuchtenden Schönheit des schimmernden Glaubens, hier ein Bild der leuchtenden Schönheit des schimmernden Schnees (Hort. 250 u. 418). An dieser Stelle kommt im Hortulus ein Stück symbolhafter Heilsgeschichte zum Ausdruck [74].

Ein vergleichbares Beispiel der symbolischen Deutung und zentralen Stellung der Lilie im ebenfalls sinnbildlich gedeuteten Pflanzenreich zeigt die Lilie aus dem Liber floridus des Lambertus von St. Omer aus der zweiten Hälfte des 12. Jahrhunderts [75] (s. Abb. 15).

In der Lilienstrophe wird darüber hinaus die Anwendung der Lilie als Antidot gegen Schlangengift [76] mit großer sprachlicher Kraft hervorgehoben, »wenn die falsche Schlange mit eingefleischter List all ihr Gift aus unheilbringendem Maul verspritzt und grausen Tod durch verborgene Wunde ins innerste Herz stößt«. Da vor Walahfrid die lateinischen Kirchenväter die Lilie oft als Christussymbol beschrieben, liegt auch hier der Vergleich zwischen der äußeren und inneren Heilung nahe. Walahfrid verzichtet aber auf jede direkte Interpretation. Auch ist sein praktischer Sinn nicht zu übersehen, wenn er am Ende der Lilienstrophe nüchterne, pharmakologische Anwendungen niederschreibt. Welch ein Gegensatz zur liebevoll ausschmückenden Innigkeit der marianischen Lilien- und Vegetationssymbolik des Hochmittelalters [77]!

Die besondere Würde und göttliche Herkunft der Lilie war auch schon der griechischen Mythologie bekannt [78]. Als der kleine Herakles an der Brust der Hera, der die Kühe heilig waren, kräftig sog, ergoß sich ein großer Strahl von Muttermilch auf die Welt. So entstand die Milchstraße. Einige Tropfen fielen auf die Erde, und aus ihnen wuchsen die weißen Lilien.

73 Die Lilie wird in allen oben erwähnten Quellen, und zwar immer an erster Stelle, genannt. Über Herkunft und Geschichte unserer Gartenlilie berichtet Otto Warburg, 1929. Heimat und Geschichte der Lilie (Lilium candidum), Feddes Repert. Beih. 56, 167–204. Danach stammt unsere Pflanze wahrscheinlich aus Palästina.

74 Zur Symbolik im religiösen Denken vgl. z. B. Jean Danielou, Vom Geheimnis der Geschichte, Stuttgart 1955. Eine wichtige Parallelstelle zum symbolischen Verständnis der Lilie bringt etwa gleichzeitig Hrabanus Maurus (780–856), der gefeierte »Lehrer Deutschlands«, in seinem Werk »De rerum naturis«, einer theologisch orientierten Realenzyklopädie des Wissens (Migne P. L. 107–112): »Die Lilie bedeutet Christus, welcher im Hohenliede sagt: ›Ich bin die Blume des Feldes und die Lilie der Täler‹ (Cant. II) und ebenso: ›um zu weiden in dem Garten und Lilien zu sammeln‹ (Cant. VI), als wenn er sagen wollte: ich bin eine Zierde der Erde und ein Ruhm der Niedrigen; er, der von seiner Braut sagt: ›so wie eine Lilie unter den Dornen, so ist meine Freundin unter den Mädchen‹ (Cant. I), weil der Schnee ihrer Reinheit durch Trübsale erprobt wird und größere Frucht das Leben in der Öffentlichkeit bringt als die Zurückgezogenheit. Es kann aber auch unter Lilie die Jungfräulichkeit verstanden werden, weil die jungfräu-

Abb. 15 *Lilium candidum*

liche Reinheit höher steht als alle anderen Tugenden, wie in der Apokalypse gezeigt wird.« Vgl. dazu Anm. 143. Die Erklärung des Hohenliedes entspricht der Bedas.

75 Cod. Guelf. I Gud. lat. Blatt 31^{v}. Vgl. L. Behling, Die Pflanzenwelt der mittelalterlichen Kathedralen, Köln 1964, S. 43–49.

76 Dioscurides III, 106, bei Genewein, wie Anm. 6, S. 54 f.

77 Vgl. z. B. bei L. Behling, wie Anm. 37 und L. Behling, wie Anm. 75. Auf die Eigenwelt der karolingischen Dichtung und Vegetationsbetrachtung gegenüber dem Hochmittelalter soll hier aber besonders hingewiesen werden!

78 J. H. Dierbach, wie Anm. 39.

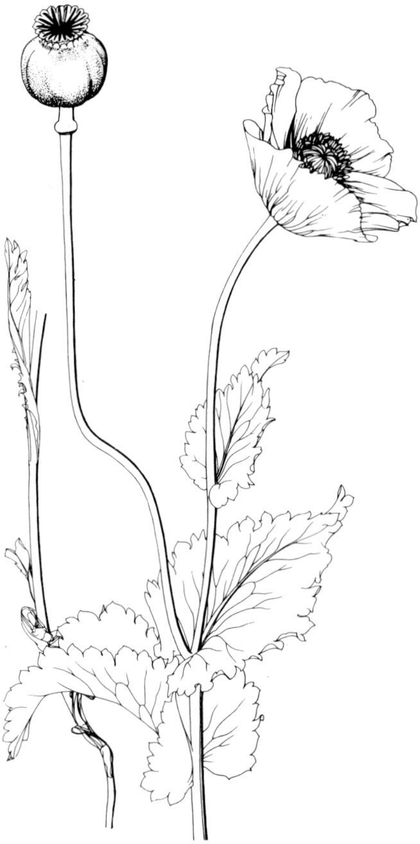

Abb. 16 *Papaver somniferum*

Abb. 17 *Salvia sclarea*

PAPAVER *Schlafmohn, Papaver somniferum* [79]

Nach Plinius soll Diagoras aus Melos um 400 v. Chr. als erster das Opium durch Anritzen der unreifen Mohnkapsel gewonnen haben [80]. Auf die beruhigende, den Schmerz vergessen lassende Wirkung des Mohns deutet Walahfrid in einem mythologischen Bild hin. Wegen des Raubs ihrer Tochter Proserpina soll Ceres Mohn gegessen haben, um den ungeheuren Schmerz zu vergessen [81]. Die Mohnkapsel mit ihren unzähligen Samen wird mit dem gleichfalls zahlreiche Samen umschließenden Granatapfel verglichen. Der treffende Vergleich beweist, daß Walahfrid den Granatapfel gekannt hat. Er kann heute, wie wohl auch damals, in Deutschland nicht im Freien überwintert werden. Vielleicht kannte Walahfrid die Frucht vom Kaiserhof in Aachen. Quellen über die Pflege des Granatbäumchens als Kübelpflanze auf der Reichenau sind nicht bekannt. Doch könnte er wie auch der Feigenbaum und der Rosmarin bei entsprechendem Schutz vor Frost gehalten worden sein.

SCLAREGA *Muskatellersalbei, Salvia sclarea* [82]

In frischem Grün wächst auch in Walahfrids Gärtchen die Muskatellersalbei mit ihrer üppigen, breitbeblätterten, schattenspendenden Rosette (stipes) heran; darüber erhebt sich der aufrechte, verzweigte Blütenstand (ramos) [83]. Hier erwähnt Walahfrid auch die Frauenminze (Chrysanthemum balsamita) als costus hortensis [84], einen etwa meterhohen, aromatisch riechenden Korbblütler. Aus dem Text geht hervor, daß auch diese Pflanze im Garten gezogen wurde und nicht nur vergleichsweise erwähnt wird wie Veilchen, Granatapfel und Attich. Vielleicht hat sie wegen der zentralen Stellung der Lilie (Tit. 12) keine eigene Strophe erhalten. Die Lilie verbleibt dadurch im Zentrum der Pflanzenbilder.

79 Im Capitulare und im Klosterplan aufgeführt, fehlt in den Inventaren. Ursprüngliche Verbreitung nicht bekannt, aber seit der Pfahlbauzeit als Ölpflanze verwendet.
80 Plinius Hist. nat. 18 (76) und 24 (102) (161); vgl. GENEWEIN, wie Anm. 6, Seite 56. Plinius der Ältere (23–79 n. Chr.), Flottenbefehlshaber, vielseitiger, weitgereister Schriftsteller, schrieb u. a. 37 Bücher über Naturgeschichte, starb beim Ausbruch des Vesuv.
81 Weshalb er trotz des Ansatzes »Cereale papaver« Latona nennt, da er doch sonst in der Mythologie Bescheid weiß, ist unklar. Vgl. den Deutungsversuch v. MARZELL, wie Anm. 1, S. XVIII.
82 Die Muskatellersalbei ist im Capitulare vorgeschrieben, fehlt aber im Klosterplan und im Inventar Asnapium, wird jedoch im Inventar Treola aufgeführt. Mediterrane Pflanze.
83 Walahfrid beschreibt das üppige Wachstum der Muskatellersalbei.
84 Costus, die Frauenminze, ist in allen o. a. Quellen aufgeführt. Aus dem Synonymschlüssel Fischers sind umfangreiche Bezeichnungen zu ersehen, die nicht unkritisch zu werten sind. Vgl. Anm. 36, S. 286. Besonders schillernd ist der Begriff Balsam. Zum Costus-Problem vgl. v. a. v. FISCHER-BENZON, wie Anm. 35, S. 73. Der ursprüngliche Anwendungsbereich der Frauenminze ist heute weitgehend unbekannt. Die natürliche Verbreitung von Chrysanthemum balsamita ist Südwestasien. Die Pflanze ist heute kaum noch in Gärten anzutreffen. Sie sollte wieder eingeführt werden, denn sie besitzt ein besonders erlesenes Aroma.

MENTHA *Minze, Mentha spec.* [85]

Da alle Minzen, mit Ausnahme der Polei, bastardieren und dann sterile, vegetativ vermehrte Kulturformen bilden, die den Eindruck fester Arten hervorrufen, ist es verständlich, wenn Walahfrid schreibt, daß einer, der die Kräfte, Arten und Namen der Minzen vollständig aufzählen wollte, auch notwendigerweise wissen müßte, wieviel Fische sich im Arabischen Meer tummeln [86]. Vermutlich handelt es sich wohl bei der Minze Walahfrids um Mentha spicata oder um einen Bastard dieser Pflanze.

Eine andere Minzenart vergleicht er mit dem Attich (Sambucus ebulus). Dabei kann es sich nicht um die Roßminze handeln [87]; denn Blütenähren und Blätter haben mit dem Attich nicht das geringste gemeinsam. Folgende Gründe sprechen dafür, daß es sich um den Baldrian (Valeriana officinalis) handeln könnte:

1. Attich und Baldrian sind hohe, gerade, aufrecht stehende, nur im Blütenstand ästige Stauden, deren unpaarig gefiederte Blätter gegenständig [88] an einem meist kahlen oder schwach behaarten Stengel sitzen. Die Ähnlichkeit der Baldrianblätter mit den Sambucusblättern ist auffallend und zwar nicht nur bei V. sambucifolia. Der Blütenstand ist bei beiden dicht und schirmförmig, die Krone weißrosa. Otto Brunfels vergleicht den Blütenstand des Baldrians mit dem des Holunders [89]. Beide Pflanzen sind nahe verwandt (Fam. Caprifoliaceae). Der Unterschied im Wuchs besteht vor allem in der größeren Üppigkeit des Attichs.

2. Die Tatsache, daß Walahfrid den Baldrian zu den Minzen rechnet, ist bei dem damaligen Stand der Systematik nicht verwunderlich. Die Blütenstände sind bei Baldrian und Minze aus zahlreichen, konzentrierten, glockenförmigen, regelmäßigen Kronen gebildet.

3. Der Baldrian ist eine alte Heilpflanze. Er wird bei St. Hildegard, die keinen lateinischen Namen angibt, als Danemarcha beschrieben [90]. Der Baldrian setzt die Erregbar-

85 In allen o. a. Quellen aufgeführt. Die genaue Deutung der Minzenart ist nicht ganz sicher. Vgl. v. Fischer-Benzon, wie Anm. 35, S. 70 f. Bei den Minzen kommt es nicht so sehr auf die Art, sondern mehr auf den Mentholgehalt an. Die Heimat von M. spicata ist wohl Südeuropa. Die Minze wird mit der Raute bei Luk. 11,42 erwähnt.

86 K. J. Howe und F. C. Steward Growth, nutrition and metabolis of Mentha piperita L. II Anatomy and development of Mentha piperita L. New York Agric. Sta. Ithaka Mem. 379, 11–40.

87 Wie Genewein fälschlich annimmt, vgl. Anm. 6, S. 69. Neben dem Baldrian kommt vom Wuchs her am ehesten noch der Wasserdost (Eupatorium cannabinum) in Frage.

88 Blätter stehen am Sproß einander gegenüber.

89 O. Brunnfels, Contrafayt Kreuterbuch, Straßburg 1532, repr. München 1964, wie Anm. 9: »... dadurch scheußt der stengel uff manns höhe harfür un bringet weisse blumen gleich dem Holder« (S. 116). Und beim Attich schreibt er: »ist ein Kraut dem Holder gantz ähnlich wiewohl nitt in ein solche höhe uffwachsend« (S. 5).

90 Hildegard v. Bingen, Naturkunde, wie Anm. 42, S. 46.

keit der Reflexe herab und wirkt beruhigend auf das Zentralnervensystem. Mazerate und Infuse der Wurzel werden bevorzugt [91].

Kehren wir aber zur Antike zurück. Die schöne Minzenstrophe Walahfrids erinnert uns an die Aufmerksamkeit der Baucis [92], die den Tisch, zu dem die Götter als unerkannte Gäste geladen sind, vor dem Essen mit grüner Minze abwischt (Ovid, metam. 8,651). Welch ein reizender ländlicher Brauch römischer Bauern! Ursprünglich war Mentha eine von Pluto geliebte Nymphe, die von Proserpina in die gleichnamige Pflanze verwandelt wurde (Ovid, metam. 10,727). Die Bedeutung der Minze für den ländlichen Kult der Vegetations- und Fruchtbarkeitsgottheiten der Antike drückt sich in dieser Sage ähnlich wie bei der Lilie anschaulich aus.

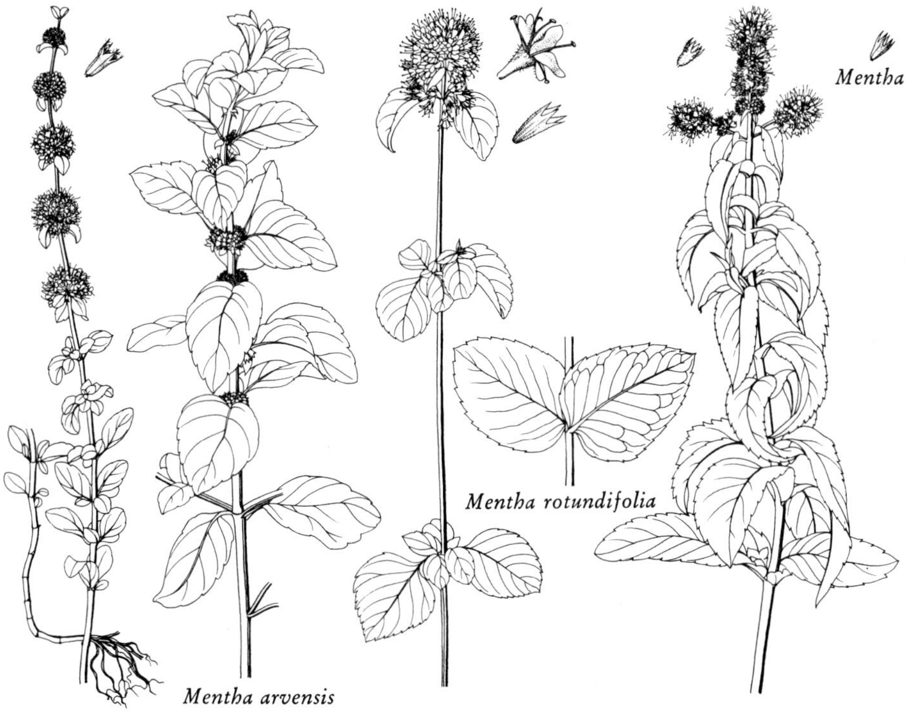

91 Vgl. H. Braun, wie Anm. 34, S. 194. Die beruhigende Wirkung des Baldrians ist allgemein bekannt. Infus: Aufguß der Droge (hier Wurzel) mit kochendem Wasser; Mazeration: Aufguß mit kaltem Wasser und Auszug durch längeres stehen lassen; Tinktur: Alkoholischer Auszug.

92 Baucis, Weib des Philemon, sagenhaftes Ehepaar der Antike, bekannt aus den Metamorphosen Ovids (metam. 8, 611–724), beispielhaft für Bescheidenheit, Frömmigkeit und Gastfreundschaft.

PULEIUM *Polei, Flohkraut, Mentha pulegium* [93]

In der Poleistrophe geht der Blick Walahfrids in ferne Lande, nach Indien, wo die Poleiminze, das bescheidene Flohkraut, mit Gold und Ebenholz aufgewogen wird. Walahfrid sieht hier die günstige Gelegenheit für die Völker, aus dem gegenseitigen Ertrag Nutzen zu ziehen, »auf daß über alle Teile hin nur eine Hausgemeinschaft sei«. Im Altertum war die Poleiminze ein sehr geschätztes Mittel. Apicius erwähnt sie öfter als Gewürz. Dioscurides beschreibt zahlreiche Verwendungen, auf die Genewein im einzelnen eingeht [94]. Bei St. Hildegard wird die »Poleya« als Fiebermittel, gegen Schwachsichtigkeit und als Reinigungsmittel für den Magen empfohlen [95]. In der Neuzeit ging die Verwendung der Pflanze aber stark zurück. Sie wird in den Kräuterbüchern kaum erwähnt und in Gärten nicht mehr angebaut. Die letzte, poesievolle Quelle ihres Anbaus finden wir im »Mayenkrantz« aus der Gedichtsammlung der Clara Hätzlerin, die um 1471 eine Sammelhandschrift beendete, die in Auszügen wiedergegeben wird [96]:

Ward nye so wol geziert ain plan!
Ich sach auch den Anger han
Ainen wurtzgarten;
Mit fleisz gund ich des warten.
Der was umbfangen gar mit giligen,
Die da kunten wol vertiligen
Die sunnen und den schatten meren.
Ir varb gel, rot, praun, kund mich leren,
Das ich bas nam des garten war.
Es war durch grunet her und dar,
Geschachzabelt und gefiert
Mit kraut und wurtzen wol geziert.
Daran war tugent manigerlay
Salvay, rawtten und polay . . .

93 Im Capitulare und im Klosterplan erwähnt, in den Inventaren nicht aufgeführt. Ursprünglich mediterrane Pflanze.

94 C. Genewein, wie Anm. 6, S. 60 f.

95 Hildegard v. Bingen, wie Anm. 42, S. 43.

96 Vgl. Anm. 37. Zitiert aus L. Behling, S. 176 f. Unter *giligen* (Vers 5) sind hier Schwertlilien oder Taglilien zu verstehen. Im letzten Vers sind Salbei, Raute und Poleiminze gemeint.

Abb. 19
Apium graveolens

APIUM *Sellerie, Apium graveolens* [97]

Aus der Beschreibung Walahfrids geht hervor, daß die Sellerie schon zu jener Zeit als harntreibendes Mittel bei Verdauungsstörungen und Magenschwäche angewendet wurde. Es unterstreicht den realistischen Sinn des Abtes, wenn er in diesem Zusammenhang den Magen als König des Bauchs bezeichnet, und der gebildete Mann vergißt hier um der Nahrhaftigkeit und Heilkraft der Sellerie willen die umfangreiche Mythologie der alten Kultpflanze. Das ist verständlich, denn »die Sellerie sollte auch heute in keinem Gemüsegarten fehlen und eine Knolle gehört in jede rechte Fleischsuppe als Gewürz«, wie der verdienstvolle Schaffhauser Botaniker Georg Kummer in seiner Volksbotanik [98] fordert. Die Kultur der von Natur aus salzliebenden und gegen niedere Temperaturen empfindlichen Pflanze ist nicht einfach. Sie bedarf eines humosen, ausreichend feuchten und richtig gedüngten Bodens.

97 Im Capitulare und in den Inventaren erwähnt, im Klosterplan beim Gemüse aufgeführt. Die Sellerie ist Zukost des Moretum, vgl. Anm. 44a. Pflanze mit weltweiter Verbreitung, die wilde Sippe wächst auf Salzböden (Meeresstrand), an Ufern und Gräben. In unserem Gebiet kaum ursprünglich.

98 Georg Kummer, Schaffhauser Volksbotanik, II. Die Kulturpflanzen (1. Teil), Schaffhausen 1953.

VETTONICA *Heilziest, Stachys betonica* [99]

Wegen des hohen Gerbstoffgehalts fördern wäßrige und weinige Abkochungen des Heilziests die Narbenbildung bei infizierten Wunden. Diese moderne pharmakologische Erkenntnis kommt bei Walahfrid in folgender Empfehlung zum Ausdruck: »Wenn außerdem der Kopf in gefährlicher Wunde klafft, soll man Heilziest auflegen ...« Den Heilziest lobt Walahfrid auch sonst als Kraut von hohem Ansehen. Magische Eigenschaften gegen leidenschaftliche Betörung, Vorspielungen und teuflische Einflüsse schreibt ihm St. Hildegard dann zu, wenn man unter bestimmten Bedingungen die Pflanze unausgesetzt anblicke [100]. Diese magische Seite der Pflanzenheilkunde fehlt bei Walahfrid ganz (vgl. z. B. auch S. 23). Auch hierin kommt die nüchterne Art der Pflanzenbetrachtung Walahfrids zum Ausdruck, die weder mit dem geheimnisvollen Tiefsinn St. Hildegards noch mit dem Aberglauben etwas zu tun hat, der sich von der Antike bis heute auch um die Pflanzenwelt rankt. Bemerkenswert ist der Anbau der Pflanze im Kräutergarten trotz häufigen Vorkommens in Wald und Flur. Dies ist wohl wiederum aus dem bekannten Grundsatz zu verstehen, daß sich das, was das Kloster notwendig braucht, möglichst auch innerhalb der Klostermauern befinden soll (RB 66,6).

AGRIMONIA *Odermennig, Agrimonia eupatoria* [101]

Auch der Odermennig wirkt wundheilend und zusammenziehend [102]. In der Volksheilkunde werden die frisch zerquetschten Pflanzen (tunsa germina, Hort. 366, 367) für Breiumschläge verwendet. Das entspricht ganz den Empfehlungen Walahfrids. Der Odermennig wächst an mageren Wald- und Heckensäumen und fühlt sich auch in Magerrasen und -weiden wohl [103]. Er kommt heute nicht mehr so häufig wie früher vor. Das gilt insbesondere für das Waldesinnere (Hort. 359, 360). Die Trennung von Wald und Weide und die Intensivierung der Landwirtschaft führten zum Rückgang der magere Böden bevorzugenden und lichtbedürftigen Pflanzen der Wald- und Heckensäume. Ähnliches gilt auch für den Heilziest, der damals sehr häufig gewesen sein muß (Hort. 337–339).

99 Im Capitulare und im Klosterplan fehlend, dagegen in den Inventaren aufgeführt. In unserem Gebiet auf mageren Wiesen und Weiden zerstreut vorkommend. Gesamtvorkommen: Westeuropa und Mittelmeergebiet.

100 Hildegard v. Bingen, wie Anm. 42, S. 43.

101 Im Capitulare und im Klosterplan fehlend, nur im Inventar Treola aufgeführt. Verbreitung: Europa und Südwestasien.

102 Vgl. Anm. 40.

103 Erich Oberdorfer, Pflanzensoziologische Exkursionsflora für Süddeutschland und die angrenzenden Gebiete, Stuttgart 1970.

Abb. 20

Betonica officinalis

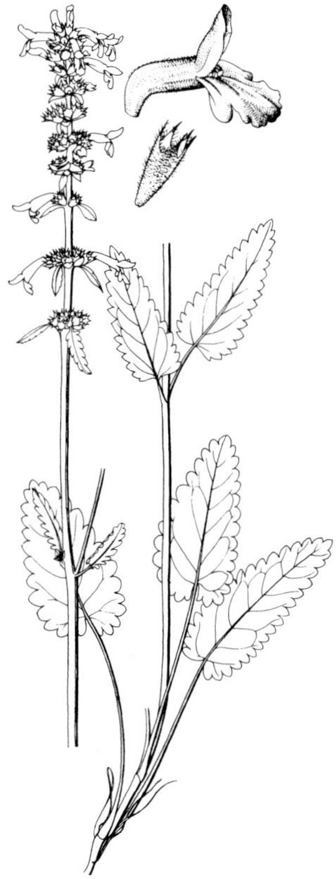

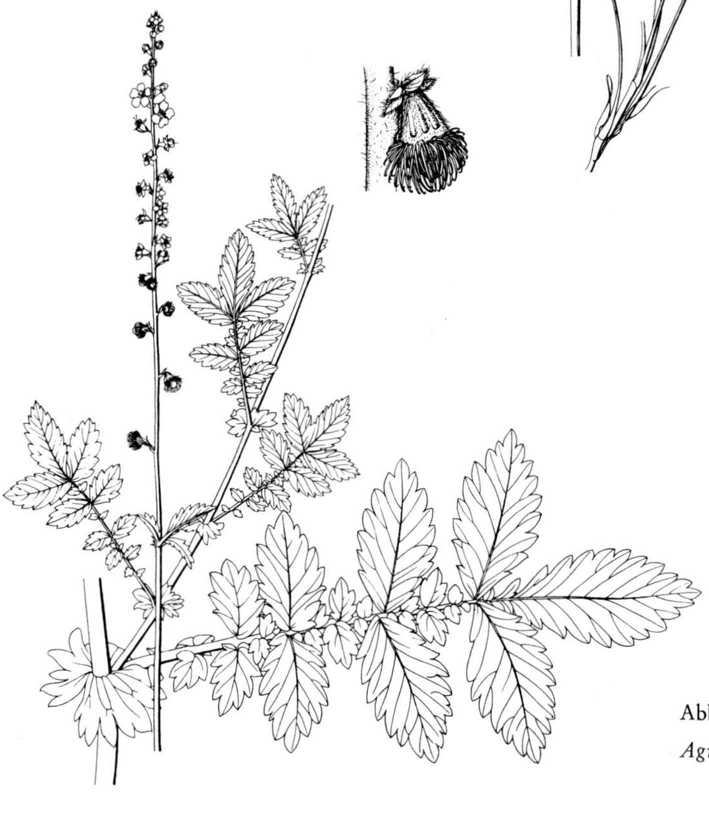

Abb. 21

Agrimonia eupatoria

AMBROSIA *Schafgarbe, Achillea millefolium* [104]

Die kurze und ungenügende Beschreibung Walahfrids reicht nicht aus, um Anhaltspunkte dafür zu gewinnen, welche Pflanzen er hier meint. Da aber ambrosia und millefolium gleichbedeutend einander gegenübergestellt werden [105], andererseits in den Glossae Theodiscae des 9. Jahrhunderts millefolium als Garbe [106] (später als Schafgarbe) beschrieben wird, handelt es sich wahrscheinlich um die Schafgarbe (Achillea millefolium). Denn den Rainfarn (Tanacetum vulgare), der im Capitulare de villis und in den Inventaren der Hofgüter Asnapium und Treola aufgeführt ist, kannte man damals eindeutig als Tanacetum, und es bestand kein Grund für Walahfrid, ihn anders zu benennen und dazu noch Unsicherheit in der Nomenklatur zu bekunden (Hort. 370,371). Ambrosia muß eine andere, aber durchaus bekannte Pflanze gewesen sein (Hort. 371). Dies trifft für die Schafgarbe zu. Die Verbreitung außerhalb des Klosters war kein Grund, sie nicht anzubauen.

Die Schafgarbe ist bekanntlich eine alte Heilpflanze. St. Hildegard erwähnt sie als Heilmittel der Wundarznei. Durch ihren Gehalt an Bitterglycosiden gehört sie heute zu den Amara, welche den Strom der Verdauungssäfte anregen (vgl. S. 26). Der Bitterstoff der Schafgarbe, das Achillein, wirkt außerdem zusammenziehend, das ätherische Öl antiseptisch. Ähnlich wie Odermennig und Heilziest ist sie daher für die Wundarznei von Bedeutung.

Eigentümliche, bisher wohl noch nicht verstandene Anwendungen der Ambrosia bezüglich des Blutes schließen die Strophe ab. Die Schafgarbe soll bekanntlich Blutungen stillen [107]. So stellte schon Hieronymus Bock fest, daß das Garbenkraut »zwiespältiger Natur« sei: »So man es zerknirschet und auf die Wunde leget, gestehet das Blut, hingegen wenn einer die Blättlein in die Nase thut, über eine kleine Weile folget das Blut hernach« [108]. Auch diese Anwendung kann sich auf die Scharfgarbe beziehen, keineswegs aber auf den Rainfarn.

104 In keiner der karolingischen Quellen ist Ambrosia aufgeführt. Es handelt sich bei ihr wie bei Heilziest und Odermennig um eine heimische Heilpflanze. Die Deutung von v. FISCHER-BENZON, wie Anm. 35, S. 74, ist sicher nicht haltbar. Die Schafgarbe, die wir unter dem Begriff Ambrosia vermuten, ist in der gesamten nördlichen Hemisphäre verbreitet.

105 Corpus Glossariorum Latinorum VOL III 536, 13; 550,8, vgl. v. FISCHER-BENZON, wie Anm. 35, S. 74, der aus der richtigen Beobachtung den falschen Schluß zieht.

106 Achillea millefolium ist altenglisch gearwe. Vgl. JOHANNES HOOPS, Waldbäume und Kulturpflanzen im germanischen Altertum, Straßburg 1905, S. 616. Bei Hildegard v. Bingen heißt die Schafgarbe Garwa. Wie Anm. 42, S. 40.

107 V. BERTOLDI, Nomi e usi d'uno stagnasangue popolare, Società filologica Romana Vol. XVIII 1905.

108 Vgl. H. MARZELL, Wörterbuch der deutschen Pflanzennamen, wie Anm. 5.

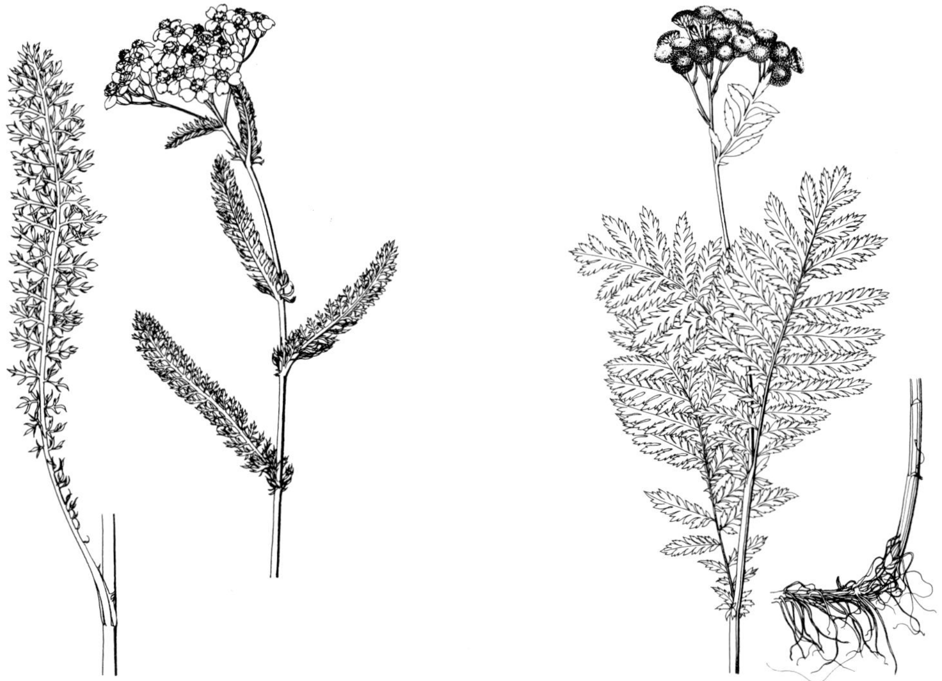

Abb. 22 *Achillea millefolium* *Chrysanthemum vulgare*

Achillea millefolium, die Schafgarbe (Deutung Stoffler) und Chrysanthemum vulgare, früher Tanacetum, der Rainfarn (Deutung von Fischer-Benzon) sind zum Vergleich nebeneinandergestellt. Infolge des Fehlens der Zungenblüten wirkt der Blütenstand des Rainfarnes gelb, die Schafgarbe besitzt dagegen weiße Zungenblüten.

NEPETA *Katzenkraut, Nepeta cataria* [109]

Eine Salbe aus Rosenöl mit Katzenkraut ergibt nach Walahfrid ein Mittel, Fleischwunden und Narben zum Verschwinden zu bringen und das frühere Aussehen zurückzugeben. Die Häufung von Wundheilmitteln im zweiten Teil der Pflanzenbeschreibungen ist auffallend. Es ist ein Verdienst H. Haffters, darauf hingewiesen zu haben. Seiner Deutung kommt besonderes Gewicht für das Verständnis des Aufbaus des Gedichtes zu. Wir kommen darauf noch zurück. Heute wird die Katzenminze kaum noch angewandt. Die Pflanze strömt einen charakteristischen Minzengeruch aus, der Katzen anziehen soll, daher ihr Name.

109 Im Capitulare und im Verzeichnis Treola aufgeführt, sonst fehlend. In den Hermeneneumata des CGL III auch als Gemüse beschrieben, vgl. v. Fischer-Benzon, wie Anm. 35, S. 73. Vgl. ferner H. Marzell, Wörterbuch der deutschen Pflanzennamen, Stuttgart 1937, wie Anm. 5. Ostmediterran-westasiatische Pflanze.

Abb. 23
Nepeta Cataria

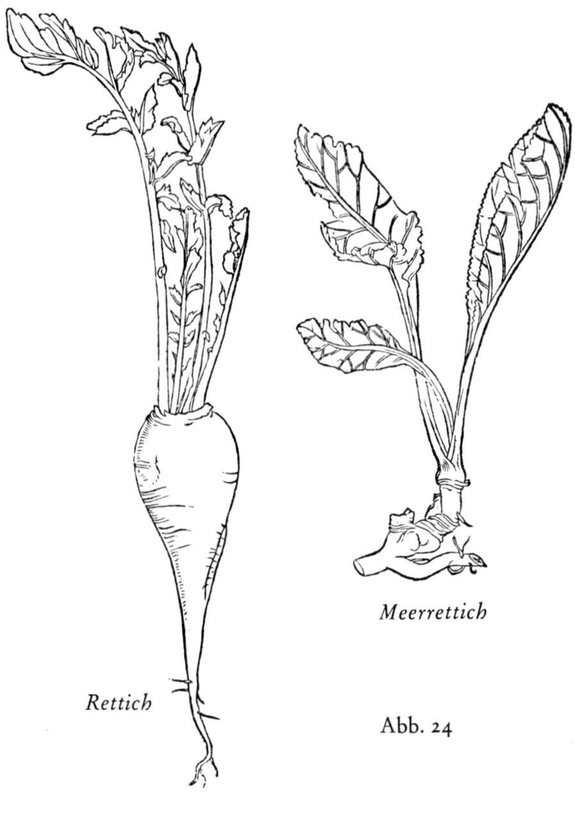

Abb. 24

RAFANUM *Rettich, Raphanus sativus* [110]

Der Rettich wuchs bei Walahfrid im äußersten Beet seines Kräutergartens. Damals wie heute ist der Wurzelsaft ein Volksheilmittel gegen Husten (Hort. 389, 390). So höhlt man im nahen Rüdlingen, Schweiz, einen schwarzen Winterrettich aus, gießt Honig in die Öffnung und legt ihn an die Wärme: Ist der Rettich eingeschrumpft, so soll man den Honig gegen harten Husten einnehmen. Häufiger füllt man die Öffnung des ausgehöhlten Rettichs mit Kandiszucker und stellt ihn in ein Glas. Der herausfließende Saft wird als Hustenmittel verwendet [111].

Seine Wirkung als die Gallesekretion anregendes Mittel ist in der modernen Pflanzenheilkunde anerkannt. Vor allem aber ist der Rettich ein altes und beliebtes Nahrungsmittel breiter Volksschichten, wie schon Plinius herausstellt, der bereits die Milderung der Schärfe durch Salz und das Vorkommen besonders großer Rettiche in Deutschland erwähnt. Philemon und Baucis setzten den Göttern Jupiter und Merkur, die in Menschengestalt die armen, alten Leute besuchten, Rettich vor; dann erst gab es Speck und Kraut. Die Götter erfreute das schlichte Mahl. Zuletzt hat Mörike in seinem Gedicht »Restauration« nach der Durchsicht eines Manuskripts mit schlechten Gedichten die herzhafe Ehrlichkeit des Rettichs besungen:

Das süße Zeug ohne Saft und Kraft
Es hat mir all mein Gedärm erschlafft.
Es roch, ich will des Henkers sein,
Wie lauter welke Rosen und Kamilleblümlein.
Mir ward ganz übel, mauserig, dumm,
Ich sah mich schnell nach was Tüchtigem um,
Lief in den Garten hinterm Haus,
Zog einen herzhaften Rettich aus,
Fraß ihn auch auf bis auf den Schwanz,
Da war ich wieder frisch und genesen ganz.

Im Hortulus Walahfrids sind die schlichten Rettichbeete der Reichenau zu höheren Ehren der Weltliteratur gekommen als der Pomp einer modischen und aufwendigen Gartenschau. Damit hat der Rettich schließlich den Ehrenplatz neben der Rose und Lilie, und so werden die Letzten die Ersten sein (Mt 20,16).

110 Im Capitulare und im Klosterplan als radices erwähnt, in den Inventaren fehlend. Herkunft des Rettichs vermutlich Vorderasien.

111 Vgl. G. Kummer, wie Anm. 98, S. 125.

ROSA

Rose, Rosa gallica [112]

Abb. 25 *Rosa gallica*

Da die Rose im Hohen Lied und im Neuen Testament nicht erwähnt wird, kam ihr vor Walahfrid in der christlichen Literatur nicht die gleiche Bedeutung wie der Lilie zu. Vor allem war sie damals nicht Christussymbol [113]. Von der antiken Überlieferung her aber war sie die Blume des Frühlings und des Paradieses, zudem Schmuck der Toten. Bald aber galt das Rot der Rose als Ausdruck des für Christus vergossenen Blutes der Märtyrer. Von Walahfrid wird sie daher zu Recht als »Blume der Blumen« bezeichnet, die alle anderen an Kraft und Duft überflügelt haben soll. Nach dem Lob ihrer Schönheit geht Walahfrid auf den Nutzen des aus der Rose gewonnenen Öls ein. Er folgt damit dem typischen, einfachen Bauplan vieler Pflanzenstrophen. Damit ist die Rosenstrophe abgeschlossen. Das Finale ist trotz des Übergangs (Hort. 405) deutlich abgesetzt und beginnt wie viele Strophen mit einer Ortsangabe. Es ist Schluß und Höhepunkt des Gedichtes zugleich und paßt nicht zu den Einzelbildern. Bevor wir es jedoch behandeln, blicken wir noch einmal auf den Beginn des Gedichts zurück, auf die Gartenarbeit und Gartenfreude.

112 Im Capitulare und im Klosterplan neben der Lilie erwähnt, fehlt sie in den Inventaren Asnapium und Treola. Es dürfte sich um eine ungefüllte oder halbgefüllte rote Rose aus der Art der Rosa gallica handeln (Hort. 398). Die Verbreitung von Rosa gallica ist insgesamt südeuropäisch, in der heimischen Flora ist sie selten. Sie gilt neben anderen Wildrosen als Stammpflanze der heute nur noch selten in den Bauerngärten anzutreffenden Rosa centifolia. Über die Herkunft der Gartenrosen berichtet Hurst, 1941. J. Roy, Hort. Soc. 66, 73–82, 242–250, 282–289.

113 Vor Walahfrid wird Maria nur in der griechischen patristischen Literatur einmal bei Johannes v. Damaskus mit der Rose verglichen. Vgl. Anselm Salzer, Die Sinnbilder und Beiworte Mariens in der deutschen Literatur u. lateinischen Hymnenpoesie des Mittelalters. Darmstadt 1967, S. 121.

Der Garten als Ort der Askese und des nützlichen Dienstes

Wirklichkeitssinn und Tradition des Mönchtums kennzeichnen das Verhältnis Walahfrids zur Gartenarbeit. Die Beschreibung der praktischen Arbeit im eigenen Garten wirkt überzeugend. Große Teile am Anfang des Gedichtes sind ihr gewidmet (Hort. 1–75). Die Schilderung des flachen Netzgeflechts der Brennesselwurzeln kann so lebendig nur jemandem gelingen, der tatsächlich im Vorfrühling Brennesselwurzeln aus dem Gartenboden gehackt hat. Walahfrid bekennt sich zur Gartenarbeit; es erscheint ihm besser, zu arbeiten und Erfahrungen zu sammeln, als tagelang müßig zu sein. Der Vorzug des ruhigen Lebens (Hort. 1) darf nicht zum Müßiggang werden. Dieses wichtige Anliegen zeigt zugleich die Spannung zwischen aktivem und kontemplativem Leben in der bekannten benediktinischen Lebensregel: ora et labora, bete und arbeite.

Aus der Sicht des heutigen Gemüseanbaus auf der Insel Reichenau ist es besonders sinnfällig zu vernehmen, daß Walahfrid gleich eingangs auf den Gemüsebau zu sprechen kommt (Hort. 9,11). Für ihn sind Düngen mit Stallmist (Hort. 14,50), Saat und Pflanzung (Hort. 51,52), Bewässerung (Hort. 57–60), Bodenbearbeitung (Hort. 41–43) sowie Unkraut jäten wichtigste Arbeiten, die er ausführlich beschreibt. Denn der Anbau von Heil- und Küchenkräutern, Salaten und Frischgemüse diente der Ernährung und Versorgung mit Heilmitteln [114]. Wenn damit auch nicht der Bedarf der gesamten Klostergemeinschaft gedeckt werden konnte, weil rund einhundert Mönche nicht von den Erträgnissen einer Fläche von nur etwa einem Ar zu ernähren waren, so diente der Hortulus neben seiner überwiegenden Aufgabe als Medizinalgarten doch auch dem Eigentisch des Abtes (Cucurbita, Pepones).

Gartenbau im Dienst der Gäste erwähnte bereits die Vita Antonii. In dieser ersten Schilderung einer herben Idylle monastischen Gartenbaus heißt es: »Als er von seinen Besuchern eine zweizinkige Hacke, ein Beil und ein wenig Getreide erhalten hatte, da

114 Die vorwiegend vegetarische Ernährung bei Isidor von Sevilla: »Die ganze Woche hindurch sollen die Brüder billiges Gemüse und grüne Hülsenfrüchte essen. An den Heiligenfesten dürfen sie dem Gemüse ein klein wenig Fleisch hinzufügen.« Mönchsregel Isidors 9,4, Die Mahlzeiten, Ruiz, La Regla de monjes de San Isidoro de Sevilla – Santos Patres Españoles 2, S. 79–125, Übersetzung bei S. Frank, wie Anm. 18, S. 379. Vgl. auch B. Steidle, wie Anm. 24, S. 234–236, über das Essen nach der Regel St. Benedikts. »Manche aßen nur rohe Kräuter, die mit ein wenig Essig und Öl angemacht waren.« Zahlreiche Einzelheiten über die vegetarische Kost gehen aus den Consuetudines monasticae VO III, Antiquiora monumenta, ed. Bruno Albers, Monte Cassino 1907, hervor: Ein Brief des Paulus Diakonus an Karl den Großen bestätigt die Bedeutung von Salaten, Frischgemüse und Gartenkräutern für die Kost der Mönche. Lapidar heißt es in den Veteres Consuetudines Monasterii Sancti Benedikti Floriacensis: Am Mittwoch und Freitag und an den Quatemberfasttagen müssen wir frische Kräuter vom Gärtner haben.

durchforschte er die Umgebung des Berges, fand einen kleinen geeigneten Platz und bestellte das Land, und da er es aus seiner Quelle reichlich begießen konnte, säte er aus. Davon gewann er sein Brot. Er freute sich, daß er keinem deswegen lästig falle und in allem anspruchslos bleibe. Als er dann wieder einige Besucher bei sich hatte, baute er auch ein wenig Gemüse, damit sich die Gäste etwas nach der Mühsal des beschwerlichen Weges erfrischen könnten ...« [115]. Wir erkennen hier aber auch, daß die Gartenarbeit als Teil der Askese und als Gegengewicht zu Müßiggang und Bettelei anzusehen ist.

Die monastische Idylle ist jedoch auch doppelbödig. Gärten können ja auch zu Faulheit und Verführung reizen. Schon Hieronymus beanstandete die sinnlichen Verlockungen der Gärten [116], und dieselbe Skepsis gilt natürlich auch jener Literatur, die den Lustort liebt [117]. Daher zeichnet Kassian [118] ein asketisches Bild von der Beschäftigung eines Mönchs mit Gartenarbeit, ein schlichtes Bild der Demut und Nüchternheit am Beispiel des Abtes Pinufius, der seinen Hochmut bei der Gartenarbeit begraben wollte: »Dieser war Abt eines sehr großen ägyptischen Klosters. Aus Ehrfurcht vor seinem frommen Lebenswandel, seinem hohen Alter und seiner priesterlichen Würde stand er bei allen in hohem Ansehen. Doch er erkannte, daß ihn das jene Demut, die er so eifrig zu erlangen suchte, nicht erreichen lasse und ihm keine Gelegenheit zur Unterordnung gebe. Deshalb floh er heimlich aus dem Kloster und erlangte unerkannt Einlaß in ein fremdes Kloster in der Thebais. Die Brüder hielten den Alten für jede Arbeit unbrauchbar und übertrugen ihm deshalb die Sorge für den Garten. Dort tat er unter Leitung eines jüngeren Bruders Tag für Tag mit Eifer die ganze Gartenarbeit und alle jene Arbeiten, die den Brüdern recht schwierig, niedrig und beschämend schienen.«

Auch Walahfrid war ja ein Abt, der gleich Pinufius »den Boden des Gemüsebeetes lockerte und Mist an die Wurzeln legte«. Es wäre also falsch, die Freundlichkeit der Idylle des Hortulus zu sehr zu betonen, ohne zunächst zu sehen, daß Gartenarbeit schwere Arbeit ist.

Andererseits hat die stille, demütige Gartenarbeit auch Vorzüge gegenüber den Streitigkeiten des öffentlichen Lebens, wie Walahfrid zu Beginn seines Gedichtes betont (Hort. 1). Diese Vorzüge kannte schon Augustin: »Was mich betrifft, so wollte ich viel lieber Tag für Tag zu gewissen Stunden Handarbeit verrichten, um dann die übrigen Stunden zum Lesen, Beten oder zum Erklären der Heiligen Schrift freizuhaben, als daß ich unter der Unruhe und Wirrnis fremder Prozesse leide, weil ich weltliche Streitigkei-

115 Aus den Schriften des hl. Athanasius, übertragen in: Bibliothek der Kirchenväter, Köln und München 1927, Bd. 31.

116 Schrift gegen Jovianus, zit. nach D. Henebo, wie Anm. 33, S. 26. Vgl. ferner Hieron. Briefe, 21, 13.

117 Georg Rohde, Studien und Interpretationen zur antiken Literatur, Religion und Geschichte, Berlin 1963, S. 74.

118 Jean-Claude Guy, Jean Cassien, Institutions cenobitiques – Sources chretiennes 109 (Paris 1965), Übersetzung nach S. Frank, wie Anm. 18, S. 183–184.

ten entscheiden muß«[119]. Nach harten politischen Enttäuschungen konnte dies Walahfrid sicherlich bestätigen. Es geht bei der monastischen Handarbeit aber nicht um ein Übermaß an Arbeit – auch dies sehen wir aus dem Augustinuszitat. Sie durfte sich nicht verselbständigen, das monastische Leben aufzehren. Für Walahfrids Garten kann man daher wohl sagen: um ein Stück Land von der Größe eines Ar zu bestellen, brauchte man nicht so viel Zeit, als daß darüber andere Verpflichtungen hätten vernachlässigt werden müssen. So aber war Gartenarbeit sehr nützlich. Walahfrid baute Kräuter an für die Hausapotheke, für Gäste, für Mitbrüder und für sich selbst. Er sammelte Erfahrungen, um besser über die Möglichkeiten und Bedürfnisse des Gartenbaus mitreden zu können. Hinter der Ökonomie des Gartenbaus stand aber die viel wichtigere des Herzens; denn der Garten war zugleich Sinnbild der Seele und der Abt als Seelenarzt (RB 27.2; 28.2; 30.3; 46.5) war zugleich Gärtner. So wird Pachomius[120] als guter, sorgsamer Gärtner beschrieben, der am Heil der Seelen seiner Brüder wie an einem Weinberg arbeitet und Sorge trägt, um seine Mauern und Hecken gegenüber Dieben und wilden Tieren zu schützen. Gartenarbeit galt als körperlicher und geistiger Ausgleich, als Heilmittel gegen die Unlust der Seele (Acedia) und als Übung zur Demut, denn »der arbeitende Mönch wird von einem, der müßige aber von unzähligen Teufeln geplagt«[121]. Wer einen Garten umspatet, kann auch nichts Törichtes schreiben. In der Regel des Paulus und Stephanus steht daher[122]: »Brüder, denkt daran, daß ein körperlich fauler Mönch in seinem Geist niemals von bösen Gedanken frei sein kann, wie Salomon sagt: ›Gar viel Übles ersinnt die Faulheit‹ (Sir. 33,28) und auch: ›Jeder Faule ist voller Verlangen‹ (Spr. 13,4). Wer sich bisher so verhalten hat, soll diese Laster nun von sich werfen und eifrig zu jeder Arbeit eilen, denn es steht geschrieben: ›Verachtet die mühevolle Arbeit nicht, noch die vom Höchsten geschaffene Landarbeit‹ (Sir. 7,16). Dann werden wir mit Gottes Hilfe von unseren eigenen Arbeiten und von den für den täglichen Bedarf nötigen Dingen Überfluß haben und können denen in geziemendem Maß zu Hilfe kommen, die uns in geistlicher Liebe besuchen. Den von schwerer Not Bedrängten können wir dann die schuldige Hilfe von unserer eigenen Arbeit gewähren; das gerade hat unser Herr und Erlöser sicher befohlen: ›Seliger ist geben als nehmen‹ (Apg. 20,35).«

Der glückseligen Betrachtung der Lilienschönheit und des Glanzes der Blume als Symbol Christi (otium internae contemplationis) stellt Beda Venerabilis[123] mit allem

119 Über die Handarbeit der Mönche, Zit. nach B. Steidle, wie Anm. 24, S. 248–251. Vgl. dort auch den treffenden Exkurs über die Handarbeit der Mönche. Die Schrift Augustins ist übersetzt bei S. Frank, wie Anm. 18, Bd. I.

120 Pachomius, Heiliger (287–346), Begründer der coenobitischen (klösterlichen) Lebensform des Mönchtums in Oberägypten. »Pachomius führte die in der Einsamkeit gefährdeten Mönche in die schützende Geborgenheit des Klosters« (B. Steidle, wie Anm. 24, S. 16).

121 Johannes Kassian, Institutiones 3.2 nach B. Steidle, wie Anm. 24, S. 251, vgl. insbesondere den vorzüglichen Exkurs B. Steidles über die Handarbeit der Mönche, S. 248–251.

122 J. Evangelista M. Vilanova, Regula Pauli et Stephani Edicio critica i comentari, Montserrat 1959, übersetzt bei S. Frank, wie Anm. 18, Bd. II, S. 301.

123 Beda Venerabilis (672–735), Heiliger, englischer Benediktiner und gerade auch für die Theologen der Karolingerzeit bedeutender Kirchenlehrer von umfassender Bildung.

Nachdruck die Arbeit in seinem Weinberg, in einer Welt voller Dornen, entgegen (labor praedicationis)[124]. Er warnt vor der »sorglosen Ruhe, dem Leben in redlicher Einfalt« (Vergil, Georg. II 467). Doch am Ende – aber eben erst am Ende – beschreibt er Frucht, Fülle, Glanz und Schönheit Christi am Beispiel der Lilie. Diese Einstellung entspricht dem Chrakter und Aufbau des Gedichtes. Die Spannung zwischen Gartenarbeit und Gartenbetrachtung ist damit ein Sinnbild der Spannung von aktivem und kontemplativem Leben überhaupt. Würde und Wert der Landarbeit sind bei Walahfrid aber nicht nur aus biblischer, sondern auch aus askräischer[125] Tradition zu verstehen. Schon Hesiod und Vergil[126] sprechen von der »Arbeit im Schweiße des Angesichts«. Die Pflanzen des Hortulus wurzeln damit nicht nur im christlichen, sondern auch im vergilischen Mutterboden.

Der Garten als Ort frommer Betrachtung
Gartenidylle und Kontemplation

Die sanfte Stille des Gartens und die innige Zuneigung zur Natur – die Lobpreisung des Heils der Pflanzenwelt und der Schönheit des Schlichten –, das sind vergilische Züge, deren Bedeutung für die Stimmung des Hortulus nicht zu unterschätzen sind. Auch die Welt des Abtsgartens ist ein Bereich, in dem das Dasein noch Ansätze der gnadenhaften Ursprünglichkeit und kindlichen Unschuld bewahrt hat[127]. Der von Theokrit geprägten Hirtenidylle steht erstmalig die Gärtneridylle ausführlich gegenüber. Der Auftrag Vergils, über Gärten zu schreiben (Georg. IV 116–148), wird nach Ansätzen Columellas von Walahfrid im Gedicht aufgegriffen[128]. Was Friedrich Klingner[129] an diesem vergilischen Ansatz bemerkt: entrückte Stille, Kargheit, die durch hohe Kunstfertigkeit und emsiges Tun gemeistert und zu Gedeihen und Fülle, Genügen und Vollkommen-

124 Migne, PL, 91, S. 1102. Der Kommentar Bedas zum Hohenlied ist sowohl für das Verhältnis von aktivem und kontemplativem Leben als auch für das symbolische Verständnis der Lilie im Hortulus von großer Bedeutung.

125 Hesiod von Ascra (7. Jh. v. Chr.) schuf das erste Gedicht über den Landbau »Werke und Tage«, in dem der Ernst und der Nutzen der Landarbeit betont werden. Vergil, derselben Tradition verpflichtet, bezeichnet daher sein Lied als ein ascraeum carmen (Georg. II 176). Auch der Hortulus ist ein askräisches Lied.

126 Vgl. Theodor Häcker, Vergil, Vater des Abendlandes, Leipzig 1931, S. 75–83.

127 Zur zauberhaften Welt der ländlichen Dichtung Vergils vgl. v. a. Viktor Pöschl, Die Hirtendichtung Vergils, Heidelberg 1964. Zur Bedeutung Vergils für Walahfrid vgl. S. 72.

128 Vgl. Heinz Haffter, Schweizer Beiträge zur Allgem. Gesch. 16, 1958, S. 221. Es ist ein Verdienst Haffters, auf das Vorbild des Korykischen Greises und seines Gartens (Verg. IV, 116–148) hingewiesen zu haben. Der Geist des alten Gärtners aus Tarent ist im Hortulus gegenwärtig. Den Korykischen Greis, einen alten, abgeschieden in einem Garten lebenden Mann von großer Fertigkeit und Würde, preist Vergil. Columella, römischer Landwirt aus Cádiz, Spanien, gab um 60 n. Chr. in seinem 12 Bücher umfassenden Werk »De re rustica« ein Bild des Landbaus seiner Zeit. Den Gartenbau behandelte er in Gedichtform.

129 Friedrich Klingner, Vergils Georgica, Zürich 1963.

heit im Kleinen verwandelt ist – all das hat Walahfrid vollendet. Der liebliche Ort im Sinne von Curtius [130] ist seither nicht mehr nur an das Bild Theokrits, an die Quelle und an den Baum, gebunden, der dem Hirten Schatten gibt.

Mit der Vereinigung von Schlichtheit und Größe (Hort. 75) ist im Hortulus zugleich eine römische Uranlage verwirklicht oder besser: diese römische Anlage ist Teil benediktinischer Lebenshaltung geworden und hat im Hortulus den schönsten römisch-christlichen Ausdruck gefunden. Den Schlüssel zu dieser vergilischen Sicht der Gartenarbeit im Christentum gibt uns wieder St. Augustin, wenn er vom Landbau sagt: »Denn es gibt kein größeres und wunderbareres Schauspiel und keines, bei dem sich der menschliche Verstand in einem gewissen Sinn besser unterhalten könnte: hier kann er den Samen ausstreuen, Schößlinge pflanzen, Reiser aufpfropfen, junge Stauden setzen und dabei jede Wurzel- und Sproßkraft gleichsam nach ihrem Vermögen und ihren Grenzen fragen, nach deren Ursprung und nach dem, was sie aus sich und was sie mit Hilfe der ihr von außen zugewandten Pflege vermag. Und bei diesen Erwägungen kann er sich zu der Erkenntnis aufschwingen, daß weder der, der pflanzt, noch der, der sät, etwas ist, sondern der allein, der das Wachstum gibt, Gott.« In dieser zwischen Vergil (Georg. I 2,1, II 177,178, II 490) und Paulus (1 Kor. 3,7) stehenden Betrachtung hat wohl der Landbau seine schönste Würdigung gefunden. Und nirgends ist er in diesem Sinne so verherrlicht worden wie im Hortulus.

Der mauerumschlossene, kleine, neben dem gemeinsamen Gebet noch leicht zu versorgende Garten bietet sich der Kontemplation besonders an. Daher hatte schon Hieronymus in seinem Brief an Marcella [131] vorgeschlagen, sie solle mit ihren Freundinnen aufs Land ziehen, um dort, fern von der Großstadt »mit ihrem Tumult, ihren Arenen, ihrem Zirkus, den Theatern und den ständigen Besuchern«, in klösterlicher Abgeschiedenheit zu leben.

»Selbstgebackenes Brot, Gemüse aus dem eigenen Garten, frische Milch, all die Köstlichkeiten des Landes bieten uns bescheidene, aber bekömmliche Nahrung. Wenn wir so leben, wird uns der Schlaf nicht vom Gebet, die Übersättigung nicht von der Lesung abhalten ...«

Die der Welt abgekehrte Stille des Gartens gibt Petrus Damiani später Anlaß, die Einsiedelei als Lilien- und Rosengarten der Tugenden zu beschreiben: »Denn eine Einsiedelei ist ein Garten himmlischer Freuden; ebenso wie man in einem Garten den Geruch verschiedener Kräuter finden kann oder den Duft süßer Blumen, so füllt in einer Einsiedelei der Wohlgeruch der Tugenden die Luft mit einem süßen Duft. Dort leuchten die Rosen der Barmherzigkeit rosenrot, die Lilien der Reinheit strahlen in ihrem schneeweißen Gewand« [132].

130 Ernst Robert Curtius, Europäische Literatur und lateinisches Mittelalter, Bern 1948.

131 Hieronymus, Ep. 3, Zitat nach S. Frank, wie Anm. 18, Bd. I, S. 15.

132 Petrus Damiani (1007–1072) zunächst Lehrer der freien Künste in Ravenna, glänzend in Wort und Schrift, dann konsequenter Einsiedler, schließlich aber Kardinalbischof von Ostia, Kirchenlehrer; PL 145, 246 ff.

Wiederum finden wir hier die vielfältigen Vorzüge eines ruhigen Lebens, von dem Walahfrid (Hort. 1) ausgeht, die Idee des Korykischen Greises und eine von der Hirtenidylle unterschiedliche Betrachtung des »locus amoenus«, die dem Ideal des klösterlichen Mönchtums weit eher entsprach als die Hirtenwelt, die sich vor den Pforten der Klöster Europas in Berg und Wald, in Gebüsch und Fels (Vergil Eclog. I,14,15) auftat. Der Hirt mochte in Felsenschründen unter der Fichte Theokrits Genüge finden, der Mönch lebt im Kloster, der Klostergarten als umschlossener Bezirk ist sein »locus amoenus«, sein Ort der Askese und Betrachtung; denn St. Ambrosius sagt zu recht, »daß die Lilien nicht auf rauhen Bergeshöhen wachsen und nicht in unbebauten Waldtälern, sondern in anmutigen Gärten gedeihen« [133].

Begeistert beschreibt Ambrosius die Schönheit der Kulturlandschaft, die in der Schönheit des Gartens gipfelt [134]: »Was bedeutet doch der Anblick der reichen Flur, welch ein Geruch, welche Süße, welche Freude der Bauern. Können wir's würdig erklären in unserer Sprache? Nun, wir haben das Zeugnis der Schrift, durch das wir hingelenkt werden auf den Vergleich der Lieblichkeit der Flur mit dem Segen und der Gnade der Heiligen, wenn Isaac sagt: ›Der Duft meines Sohnes ist wie der Geruch der reichen Flur‹. Was also beschreibe ich noch die purpurnen Veilchen, die weißen Lilien, die rötlichen Rosen, die Felder, jetzt mit goldenen, vielfältigen auch gelben Blumen geschmückt, von denen ich nicht weiß, ob das schöne Aussehen oder der kräftige Duft mehr erfreuen? Es weiden die Augen im reizenden Schauspiel, weit und breit verbreitet sich der Duft, mit dessen Süße wir erfüllt werden. Daher sagt der Herr mit Recht: Die Schönheit des Feldes ist mit mir. Mit ihm ist sie nämlich, die er selbst geschaffen hat. Welcher andere Künstler könnte denn so viel Lieblichkeit einzigartiger Dinge ausdrücken?

Betrachtet die Lilien, welche Weiße der Blütenblätter, wie diese von unten nach oben dicht gedrängt aufwachsen, wie sie einen Kelch bilden, wie ihnen gleichsam die Schönheit des Goldes aufleuchtet, wie sie dennoch, um die Blüte herum mit einem Wall umgeben, keinem Unrecht offensteht. Wenn einer diese Blüte abreißt und ihre Blütenblätter zerpflückt, wo ist dann die Hand eines so großen Künstlers, die das Aussehen der Lilie wiederherstellen könnte? Wo ist ein so großer Nachahmer der Natur, daß er sich vornehmen könnte, die Blume wieder ganz zu machen, der der Herr ein solches Zeugnis gab, wenn er sagt: Und nicht Salomon in all seiner Pracht war so gekleidet wie eine von diesen. Der reichste, weiseste König wurde für unbedeutender gehalten, als die Schönheit dieser Blume. Was soll ich die Heilkräfte der Kräuter, was soll ich der Sträucher und Blätter Heilmittel aufzählen ...?«

133 Ambrosius, Lukaskommentar, VII, 128, Bibliothek der Kirchenväter S. 394–395. Vgl. dort weitere Hinweise zur Symbolik der Lilie und des Gartens.

134 Ambrosius, Corpus script. Ecclesiast. lat. Exam. III, 8, 37.

Aufbau und Schlußstrophe des Gedichts

Vergil ruft in den Eingangsversen der Georgica die ländlichen Götter an: Bacchus und Ceres, die Faune und Dryaden, deren Gaben er preist; dann Neptun, den Schutzgott der Haine, Pan, den Hirten der Schafe, Minerva, des Ölbaums Spenderin, und alle Götter und Göttinnen, die es lieben, Fluren zu schützen. Damit wird der subtile religiöse Grundton angestimmt, der durch das ganze Gedicht schwingt, in dem die Wesen dieser Welt eine heilige, von inniger Sympathie getragene Gemeinschaft bilden, die vom Göttlichen erfüllt ist und in der sich das Göttliche offenbart [135].

Walahfrid beginnt scheinbar ähnlich: mit Priapus, dem Gartengott, der Vogelscheuche, dem ityphallischen, heidnischen Dämon, der nicht nur für das Wachstum, sondern auch für die Abwehr von Diebesgesindel und Vögeln zuständig war. Damit, daß er einen unbedeutenden, häßlichen Dämon an den Eingang seines Gedichtes setzt, gleicht er aber wohl eher einem mittelalterlichen Baumeister als Vergil. Von einem Eingangsgebet kann also keine Rede sein. Der Hortulus ist vielmehr theologisch so eindeutig auf die Schlußstrophe zugeordnet wie ein Kirchenschiff auf den Hauptaltar. Hinzu kommt, daß Walahfrid den Priapus eingangs nur nebenbei erwähnt und sofort zur schlichten Wirklichkeit des praktischen Gartenlebens vorstößt. Er beginnt also bei genauer Betrachtung ganz anders als Vergil. In der Folge werden im Hortulus Einzelbilder des Heilsbereichs der Vegetation einfach aneinandergereiht wie Beete im Garten oder Bilder im romanischen Kirchenschiff. Unter den 23 Pflanzentituli (von insgesamt 24 beschriebenen Beeten) steht die Lilie als zwölfter Titulus in der Mitte.

Für das Verständnis der Struktur und die Symbolik des Gedichtes sind die Ausführungen von H. Haffter [136] von besonderer Bedeutung. Der zweite Teil des Gedichtes wird nach H. Haffter eingeleitet durch die Anrufung der Erato, der Sängerin der Kriege und Heldentaten, entsprechend dem Musenanruf in Vergils Aeneis (7,37 ff.). Damit will nach Haffter Walahfrid einen neuen Abschnitt einleiten. Nur bis hierher reiche die Stimmung der Georgica. Es folgen im zweiten Teil Kräuter der Wundarznei (Hort. 244, 355, 364, 373, 382); vor allem aber ist die Rosenstrophe für ihn Ausdruck des heroischen Charakters dieser der Aeneis gleichenden Hälfte. Er weist auch darauf hin, daß sich – entsprechend der Aeneis –, die sich auf einem weiten Schauplatz verschiedener Länder bewegt, auch in der zweiten Werkhälfte des Hortulus zahlreiche geographische Namen befinden. Interessant ist zudem, daß sich nur im zweiten Teil einheimische Heilpflanzen finden: Heilziest, Odermennig und wahrscheinlich die Schafgarbe, alles

135 Vgl. V. Pöschl, wie Anm. 85, S. 92.

136 H. Haffter, wie Anm. 128, vgl. aber auch V. Pöschl, wie Anm. 127, S. 68, zum Symmetrieproblem bei Vergil: Genau im Zentrum der I. Ecel. steht Octavian.

einheimische, blutstillende Pflanzen. Es fällt nun nicht schwer, von der vergilischen Deutung der Struktur und des Inhalts des Gedichtes ausgehend, eine heilsgeschichtliche Deutung zu geben. Die Lilie als Christussymbol und als Zeichen des leuchtenden Christusglaubens (Hort. 418) markiert die Mitte der Pflanzenbilder, den Anfang und das Ende des zweiten Heilsabschnitts im Gedicht. Krieg und Frieden, Wunden und Wundheilung sind dann nicht mehr nur Ausdruck des Leidens und Hoffens der vergilischen, sondern mehr noch der christlichen Helden. Schwieriger wird die Deutung des ersten Abschnitts. Entspricht die Welt der Georgica der Welt der Patriarchen und Propheten? Ist es erlaubt, die beiden Abschnitte als heilsgeschichtliche Abschnitte des Alten und Neuen Bundes zu interpretieren? Bestehen zahlensymbolische Deutungsmöglichkeiten etwa im Zusammenhang mit der Zwölfzahl? Im Finale bezieht sich Walahfrid bezüglich der Rose und der Lilie ausdrücklich auf die älteste Tradition der Kirche, auf die Blumenkrone als Ehrenkranz und Siegeszeichen für gute Werke und Leiden. Bei St. Cyprian [137] lesen wir darüber: »Wie glückselig ist unsere Kirche, die also von der göttlichen Gnade mit glänzenden Ehren überhäuft, die in unseren Tagen durch das ruhmvolle Blut der Märtyrer verherrlicht wird. Strahlte sie vordem infolge guter Werke der Brüder in glänzendem Weiß, so ist sie nunmehr in dem Blut der Märtyrer purpurn gefärbt. In ihrem Blumenschmuck fehlen weder die Lilien noch die Rosen. Möge nun jeder einzelne nach der herrlichen Zier dieser Auszeichnung streben. Möge jeder durch gute Werke den weißen oder durch sein Leiden den purpurnen Kranz empfangen. Im himmlischen Lager hat sowohl der Friede wie der Kampf seine besonderen Blumen, aus denen den Streitern Christi der Ruhmeskranz geflochten wird.« Man spürt die Deutung St. Cyprians ganz klar aus dem Schluß des Hortulus heraus. Die Gegenüberstellung von Lilie und Rose, von Reinheit und Leiden, von Bekenner und Märtyrer, von Friede und Kampf und von Weiß und Rot bei Walahfrid geht in der Tat auf ältestes Gedankengut der Kirche zurück [138]. Dieses Bild wird auch in karolingischer Zeit bei Paulin von Aquileia [139] und später dann bei Notker [140] in der Gegenüberstellung von Milch und Blut in Hymnen und Sequenzen zum Fest der Unschuldigen Kinder übernommen, die schon Prudentius als flores Martyrum, als Rosenknospen, preist.

137 Cyprian, Epist. ad. martyres I 8; Migne PL 4, 249. Zugleich erinnern wir uns an die Adonissage: Bekanntlich waren einst alle Rosen weiß. Sie wurden durch das Blut der Aphrodite rot, die sich an einem Dorn gestochen hatte, als sie herbeieilte, um dem sterbenden Adonis beizustehen. Vgl. dazu auch die anderen Varianten der Sage bei Ovid., metam. X 726 ff. Vgl. dazu auch im christlichen Zusammenhang des Gedichtes HL. 5,10: Mein Liebster, er ist blendend weiß und rot.

138 Aber auch hier gibt es eine Parallelstelle zu Vergil (Aen. XII, 68 f.), auf die H. Haffter aufmerksam macht: Das Erröten der Wangen Lavinias, wie wenn rote Rosen im Lilienbeet aufblühen.

139 MGH Poet. lat. I, 730–740.

140 Wolfram von den Steinen, Notker der Dichter und seine geistige Welt, Darstellungsband und Editionsband, Bern 1948, S. 18–19.

Die göttliche Gnade [141] gibt die Rosen- und Liliengeschenke (dona rosarum), welche die Kirche pflückt und trägt. Leiden und gute Werke werden, so verherrlicht, auf eine höhere Stufe gnadenhafter Schönheit gehoben (Hort. 415–419). Wie für die Kirche, so gilt dies auch für Maria. Maria und die Kirche tun dasselbe bzw. sie werden zum selben Tun aufgefordert. Maria soll wie die Kirche Rosen und Lilien pflücken, und sie soll geschmückt werden mit Rose und Lilie, den verklärten Zeichen von Jungfräulichkeit und Leiden. Walahfrid spricht Maria mit besonderer Herzlichkeit an. So ist sein Gedicht gleichsam auf den Marienaltar des Münsters der Reichenau ausgerichtet, auf die Königin des Hauses der Insel, »wo die hehre Gottesmutter wird vor allem Volk verehret« [142], wie sich der Dichter früher ausgedrückt hatte. Bemerkenswert ist, daß er sie, entgegen der Interpretation des Hohenliedes durch Beda Venerabilis, als »Braut« bezeichnet [143]. Doch ist der Schritt von Braut-Kirche zur Braut-Maria, wie wir gesehen haben, nicht groß. Walahfrid kann auch die Kirche als »Braut« bezeichnen. Maria aber wird nicht mit Rose und Lilie direkt verglichen. Bei aller Innigkeit der Marienverehrung sind Rose und Lilie genausowenig Mariensymbole wie bei den lateinischen Kirchenvätern. Doch steht wohl der Text des Hortulus-Finale an der Schwelle der vegetationsbezogenen Marienmystik des Hochmittelalters, die ihren schönsten liturgischen Ausdruck in der Kräuterweihe anläßlich des Festes Mariä Himmelfahrt findet [144]. Maria ist aber nicht die Blume, sondern das Reis aus der Wurzel Jesse, aus dem ihr die Blume sprießt (Hort. 423), Christus, des alten Stammes Erneuerer und Bürge. Dieser Gedanke ist später in einem Mariengruß der hl. Hildegard zu finden, wo es heißt: »Denn in dir war erblüht die schöne Blume, sie schenkte den Duft allen Kräutern, die dürsteten. Und jene prangten alle in frischem Grün« [145]. Damit sind wir am Ende des langwierigen Weges von Priapus zu Christus angelangt, ein Heilsweg durch einen kleinen, umschlossenen Garten zur einzigen Blume, zu Christus, Flos unicus.

141 Cyprian, wie Anm. 94.

142 Walahfrid Strabo, MGH, Poet. lat. II, 412, Nr. LXXV, Metrum Saphicum i. d. Übers. v. Paul v. Winterfeld, in: Kultur der Abtei Reichenau, wie Anm. 3, S. 728.

143 Migne, PL 91, 1102. Beda Venerabilis in Cantica canticorum allegorica expositio, II.

144 Es sei auf die älteste Oration der Kräuterweihe zum Fest Mariä Himmelfahrt (15. Aug.) verwiesen: »Gott möge die den Kräutern innewohnende natürliche Kraft vermehren durch die Kraft der Segnung, damit durch ihre Anwendung Mensch und Tier von Krankheit und Widerwärtigkeit geschützt werden« (10. Jh.). Vgl. Adolph Franz, Die kirchlichen Benediktionen im Mittelalter, 1909, I, S. 398. Die Reichenau wäre wohl der richtige Ort, den natürlichen und gnadenhaften Segen der Vegetation neu zu erleben. In einer Zeit der Gefährdung des Lebens durch Umweltschäden verschiedenster Art sollte gerade die Kirche den Geist dieses Gedichtes wieder bedenken und den Symbolcharakter der Heilpflanzen nicht als altmodisch abtun.

145 Hildegard von Bingen, Lieder, nach den Handschriften hg. v. Pudentia Barth, Maria Immaculata Ritscher u. Joseph Schmidt-Görg, Salzburg 1969, S. 287. Aromates sind i. S. v. Konrad von Würzburg als »Aromatwürzlein«, als Kräuter mit ätherischen Ölen aufzufassen.

Die Widmung des Gedichts

Die Widmung des Gedichts an Abt Grimald von St. Gallen [146] führt uns wieder mit leichtem Schritt freundlich und menschlich aus dem umschlossenen Gottesgarten in die Welt zurück, zum Freund Grimald nach St. Gallen hinüber, in den Schulhof, zu den frohen Buben, die sich mühen, die großen Pfirsichfrüchte in Grimalds Hände zu drükken. Diese Widmung atmet die Menschenfreundlichkeit des Dichters, den leichten, feinen Ton, den wir nach langer Gartenarbeit und nach dem Gebet gerne hören.

In einem umfangreichen Gedicht, das vom Leser Geduld und Mühe verlangt, wie beim Umspaten eines Gartens, werden das Heilige und das Menschliche nicht pathetisch überfordert, nicht vorschnell gepriesen, großzügig verteilt und verbraucht. Heiligkeit und menschliche Zuneigung leuchten am Ende auf wie Lilie und Rose inmitten eines Gartens, in dem Rettiche und andere schlichte, heilkräftige Kräuter, Salate, Wurzelgemüse, Teepflanzen, Früchte und Arzneien nicht ohne unsere Arbeit wachsen.

Damit hat es einen Sinn, auf Vergil zu hören, wenn er sagt: »Wage es auch du, Freund, den Prunk zu verachten, bilde dich Gottes würdig und begegne Geringem nicht hochmütig« (Aeneis VIII, 364–365).

Der Hortulus, als Freundesgabe des Abts Walahfrid Strabo an seinen Mitbruder und Lehrer Grimald, sollte auch uns erreichen; denn hier wird ein bescheidener Blumengruß zu einer vielfältigen Heilsbotschaft.

146 Grimald, Kanzler Ludwigs des Deutschen, Lehrer Walahfrids auf der Reichenau, Abt von St. Gallen (841–872).

WALAHFRID STRABO

Abt der Reichenau (838–849)

VON THEODOR FEHRENBACH

Der 18. August des Jahres 849 beendete jäh das »Goldene Zeitalter« des Inselklosters Reichenau. Auf einer Gesandtschaftsreise, um die Söhne Ludwigs des Frommen zu versöhnen, ertrank sein größter Abt, Walahfrid Strabo, Dichter, Erzieher, Theologe und Gartenbauer, in den Fluten der Loire. Abt Ermenrich von Ellwangen, ein Schüler Walahfrids, berichtet schlicht, Abt Walahfrid sei im Auftrag Ludwigs des Deutschen zu dessen Bruder Karl dem Kahlen gereist und dabei gestorben [1]. Hrabanus Maurus, damals Erzbischof von Mainz, hat seinem Schüler die ergreifende Grabschrift verfaßt:

»Walahfrid, Priester und Mönch, ein Mann von gewaltigem Geiste
Ruht hier in heiliger Gruft, so wie der Herr es gefügt« [2].

Im Totenverzeichnis der Abtei St. Gallen heißt es: »XV Kal. Septembris Walahfridus Abbas obiit, vir divinis et humanis literis versatissimus.« – »Am fünfzehnten Tag vor den Kalenden des September (= 18. August) starb Abt Walahfrid, der in göttlicher und menschlicher Weisheit Erfahrenste« [3].

Auch die in der Abtei Reichenau selbst entstandene Grabinschrift zeugt von tiefem Schmerz über den Verlust:

»Walahfrid den Vielteuren, hier deckt ihn die Erde.
Unsere Zier, unsere Leuchte, sie sind nun erloschen.
Jählings verließ der von allen Verehrte die Seinen,
Der an Tugenden reich, gelehrt und so freundlich.
Vierzig Jahre nur war Dir beschieden zu leben,
Als ein unzeitiger Tod die Seele Dir hinnahm,
Da Du den tückischen Sand der Loire durchschrittest ...
Monat August war's, am achtzehnten wardst Du entrissen
Deinen verlassenen Schafen, geliebtester Hirte.
Hierher trugen sie Deine Gebeine zu Grabe« [4].

Diesem Grabspruch zufolge ist also Walahfrid in seiner Abtei begraben worden. Der genaue Ort seines Grabes ist heute unbekannt.

In diesem Grabspruch steckt aber möglicherweise Antwort auf die Frage: »Wann ist er geboren?« Zieht man von dem Todesjahr 849 die überlieferten vierzig Lebensjahre ab,

1 J. König, Walahfrid Strabo von Reichenau, in: Freiburger Diözesanarchiv III 1868, S. 409.

2 L. Eigl, Walahfrid Strabo, Ein Mönchs- und Dichterleben, in: Studien und Mitteilungen aus dem kirchengeschichtlichen Seminar der Theologischen Fakultät der k. k. Universität in Wien, Nr. 2, Wien 1908, S. 63.

3 J. König, wie Anm. 1, S. 410, Anm. 3.

4 K. Beyerle, Von der Gründung bis zum Ende des freiherrlichen Klosters (724–1427), in: Die Kultur der Abtei Reichenau, München 1925, Bd. I, S. 107.

dann ergibt sich 809 als Geburtsjahr. Dazu schreibt allerdings A. Önnerfors, diese Angabe erlaube nicht, exakt auf das Jahr 809 zu schließen; »denn der poetische Epitaphienstil des frühen Mittelalters, dem der antike und spätantike als Muster diente, konnte in solcher Beziehung traditionsgemäß sehr frei sein ...« [5]. Einen weiteren Hinweis auf das Geburtsjahr können wir der »Visio Wettini« entnehmen. Der Visionär Wetti starb im Herbst 824. Walahfrid hat noch 824 den Tod des geliebten Lehrers seinem Freund Grimald in einem Versbrief nach Aachen gemeldet. Wohl im Frühjahr 825 fordern Grimald und der Priester Adalgis den jungen Mönch auf, Heitos Prosaniederschrift der Visionen Wettis in Verse zu setzen. Das vollendete Werk schickt der Dichter mit einem Prologbrief an Grimald und bittet um Begutachtung und Verbesserung. In diesem Prologbrief schreibt Walahfrid von sich: »qui paene octavum decimum iam annum transegi.« »Der ich nahezu das achtzehnte Lebensjahr vollendet habe« [6]. Sollte Walahfrid diesen Prologbrief 826 geschrieben haben, so ist er 808 geboren. Walahfrid ging 826, oder wie B. Bischoff und D. A. Traill annehmen 827, nach Fulda [7]. Es ist wohl anzunehmen, daß er die Visio noch zuvor auf der Reichenau vollendete. D. A. Traill bemerkt allerdings zum ersten Vers der Visio Wettini: »Walahfrid begann dieses Gedicht an Ostern, aber in welchem Jahr (825, 826 oder 827) ist ungewiß« [8]. Walahfrid bekennt sich im Prolog zum Leben des hl. Gallus als Alemanne: »Nos Alamanni vel Suevi«, »Wir Alemannen oder Sueben« [9], und schreibt im Leben des hl. Blaitmaic von sich: »Strabus ego misit quem terra alamannica natu.« »Ich Strabus, den das alemannische Land hervorgebracht hat« [10]. Seinen Beinamen Strabo (Schieler) hat er durch einen Augenfehler erhalten. »Respice quem torto spectare videbis ocello« [11], berichtet er an Abt Sigimar von Murbach. In den Schlußversen des Gedichtes »De imagine Tetrici«, »über das Standbild des Theoderich«, spottet er humorvoll:

»Dies hat Strabo geschrieben, der geringste Teil unter den Brüdern,
Die die Reichenau unter Deinem Schutze ernährt.
Wiewohl die Regel erfordert, mich Strabo zu nennen,
Will ich selbst mich Strabus heißen – also werde ich Strabus sein,
Weil der Schöpfer das Werk verpfuscht hat, wenn es erlaubt ist so zu sagen
Und werde unter verpfuschtem Namen schreiben, vergib mir o Gott« [12].

5 A. Önnerfors, Walahfrid Strabo als Dichter, in: Die Abtei Reichenau. Neue Beiträge zur Geschichte und Kultur des Inselklosters, hrsg. v. H. Maurer, Sigmaringen 1974, S. 91.

6 D. A. Traill, Walahfrid Strabo's Visio Wettini: Text, Translation and Commentary, Bern-Frankfurt 1974, S. 1 ff., 38, 188.

7 B. Bischoff, in: Mitt. Stud. Stuttgart 1966/67, Bd. II, S. 41; D. A. Traill, wie Anm. 6, S. 2.

8 D. A. Traill, wie Anm. 6, S. 89, Z. 1, Art. »pascha«.

9 MGH Rer. Merov. IV 281.

10 MGH, Poetae II, S. 297.

11 MGH, Poetae II, S. 359, Nr. XII, V. 7: »Achte auf mich, den du mit schielendem Äuglein schauen siehst.«

12 MGH, Poetae II, S. 378, epil. 1–6.

Über seine Herkunft schreibt er an den Grafen Konrad »obscurus licet ingenio natalibus atque«, »mag ich auch nur wenig Talent haben, nur niedrige Eltern« [13] und an seinen Freund Gottschalk: »in pauperie passa est quam nostra iuventus«, »in Armut verbrachte ich meine Jugend« [14]. Walahfrid war also armer Herkunft. Ob sich das auf materielle Armut bezieht oder auf Unfreiheit seiner Eltern läßt sich nicht entscheiden. Der heilige Benedikt mahnt im zweiten Kapitel seiner Regel den Abt: »Der Freigeborene habe keinen Vorrang vor dem, der als Sklave eintritt..., denn ob Sklave oder frei: in Christus sind wir alle eins« [15]. Trotzdem nimmt man allgemein an, daß Walahfrids Eltern aus dem Stand der Freien kamen. K. Beyerle hat in der Reichenauer Formelsammlung der verstorbenen und neuzugegangenen Mitglieder der Gebetsverbrüderung aus dem Anfang des 9. Jahrhunderts ein Stück von Walahfrids Stammbaum gefunden: »marcolf pater escrihi, ruadhielm filius escrihi, uuelafrid filius ruadhielmi«, »Markolf der Vater des Escherich, Ruadhielm der Sohn des Escherich, Welahfrid der Sohn des Ruadhielm« [16]. L. Eigl meint: »Dem damaligen Brauch gemäß, wird er als neunjähriger Knabe mit dem Besuch der Klosterschule begonnen haben und mit fünfzehn Jahren, also unter Abt Erlebald, in den Convent von Reichenau aufgenommen worden sein« [17]. Walahfrid trägt 825, also etwa mit sechzehn Jahren, die Mönche seiner Abtei in das Verbrüderungsbuch ein, sich selbst als Zweitjüngsten [18]. Bald danach ging er, wie schon erwähnt, zu Hrabanus Maurus nach Fulda. Wir treffen ihn 829 als Erzieher des Kaisersohnes Karl in Aachen. Karl entstammte der zweiten Ehe Kaiser Ludwigs des Frommen mit der Welfin Judith. Walahfrids Freund und Gönner Grimald sowie der Kanzler Hilduin hatten dem jungen Dichtermönch zu dieser Stellung verholfen. Im Jahre 838 begegnen wir Walahfrid wieder auf der Reichenau. Die Jahre 840 bis 842 sind bittere Verbannungsjahre in Speyer, Murbach und Fulda; von 842 bis 849 übt er seine Abtswürde auf der Reichenau aus.

13 MGH, Poetae II, S. 387.
14 MGH, Poetae II, S. 363.
15 Die Regel des Hl. Benedikt, Beuron, [9]1959, S. 10, cap. II, V. 18/20.
16 K. Beyerle, wie Anm. 4, S. 93; M. Rothenhäusler u. K. Beyerle, Die Regel des Hl. Benedikt, das Gesetz des Inselklosters, in: Die Kultur der Abtei Reichenau, München 1925, Bd. I, S. 313.
17 L. Eigl, wie Anm. 2, S. 3.
18 K. Schmid, Probleme einer Neuedition des Reichenauer Verbrüderungsbuches, in: Die Abtei Reichenau. Neue Beiträge zur Geschichte und Kultur des Inselklosters, Sigmaringen 1974, S. 36: »Dieses Buch, das mit einer Äbte- und Mönchsliste, an deren Spitze der Abtbischof Pirmin steht, bis in die Anfänge des Klosters zurückreicht, ist das bei weitem wertvollste aller überlieferten Gedenkbücher. Es ist ›das größte Denkmal dieser Art‹ nicht nur, wie Konrad Beyerle meinte, ›im ganzen deutschen Kulturkreise‹, sondern unzweifelhaft das größte Denkmal dieser Art überhaupt.« Nebenbei bemerkt: *Habent sua fata libelli.* Der Rheinauer Archivar Hohenbaum van der Meer lieh das Verbrüderungsbuch aus, vergaß es zurückzugeben – anscheinend hat es auf der Reichenau niemand vermißt. Nach seinem Tod blieb es in Rheinau. Bei der Aufhebung der Abtei Rheinau kam es zusammen mit dem Reichenauer Nekrolog in die Kantonalbibliothek Zürich, die jetzige Zentralbibliothek. Dort sind die beiden wertvollen Handschriften heute noch mit den Standnummern Rh.hist 27 und Rh.hist 28 vorhanden (K. Schmid, S. 37).

Das Verhältnis des jungen Walahfrid Strabo zu seinem Abt Erlebald und zu seinem Lehrer Tatto ist kontrovers. K. Beyerle schreibt: »Durch jugendliche Fehltritte hatte sich Walahfrid die Gunst Erlebalds verscherzt, aber auch zu dem strengen, heftigen Mann Tatto stand Walahfrid in keinem persönlichen Verhältnis« [19]. A. Bergmann schreibt sogar: »Wir wissen, daß der Jüngling irgendwie gefehlt hat, so daß er mit seiner Ausstoßung aus dem Kloster rechnen mußte« [20]. Auf dem neuesten Stand der Walahfridforschung weist A. Önnerfors diese Zerwürfnisbehauptungen zurück und bezeichnet sie als »Erzeugnisse phantasievoller Spekulation oder gar als Hirngespinste« [21]. Walahfrid hat nämlich in der »Visio Wettini« seinem Lehrer Tatto höchstes Lob gespendet, das er beschließt:

»Est hodie probus, felix, spectabilis, aptus
Gaudeo, quod tali mereor parere magistro« [22].
Er ist jetzt glücklich, erprobt, hochangesehen, vorzüglich.
Ich bin froh, einem so großen Lehrer zu folgen.«

Aus Fulda oder Aachen schrieb er ihm: »Die Tränen dessen, der Dein Antlitz zu sehen verlangt, begleiten dieses Brieflein« [23]. Auch von Erlebald zeichnet Walahfrid in der Einleitung zur »Visio Wettini« ein sehr sympathisches, von Hochachtung getragenes Bild. Er vergleicht Heito und Erlebald in ihrer gegenseitigen Freundschaft mit den alttestamentlichen Propheten Elias und Elisäus [24]. Die Konstruktion des Zerwürfnisses geht zurück auf ein Klagegedicht Walahfrids, das die Überschrift trägt: »In persona cuiusdam monachi«, »in der Person eines gewissen Mönches« [25]. K. Beyerle nimmt an, daß der Dichter dieses Gedicht mit achtzehn Jahren, etwa in der Abfassungszeit der »Visio Wettini«, geschrieben habe, wegen der Not seines Zerwürfnisses mit Erlebald und Tatto [26]. A. Önnerfors weist dagegen darauf hin, das Gedicht datiere in der Überlieferung »unmittelbar vor dem aller Wahrscheinlichkeit nach letzten Gedicht des Meisters, dem an Gottschalk aus den Jahren 848/849« [27]. Seiner meisterlichen Sprache nach gehöre es auch in diese Spätzeit. A. Önnerfors mahnt, man solle die Überschrift »ad notam« nehmen und in dem Gedicht eines der nicht wenigen Poeme sehen, die Walahfrid im Namen anderer verfaßte, um ihnen zu helfen.

Zwiespältig ist die Überlieferung zur Amtszeit Walahfrid Strabos als Abt der Reichenau. Die Klosterannalen nennen ihn als Abt von 838 bis 849. Am 21. April 839 unterzeichnete Kaiser Ludwig d. Fromme in der Pfalz Bodman eine Schenkungsurkunde an

19 K. Beyerle, wie Anm. 4, S. 94.
20 A. Bergmann, Die Dichtung der Reichenau im Mittelalter, in: Die Kultur der Abtei Reichenau, München 1925, Bd. II, S. 718.
21 A. Önnerfors, wie Anm. 5, S. 97.
22 MGH, Poetae II, S. 301–333, V. 880 f.
23 A. Önnerfors, wie Anm. 5, S. 96.
24 D. A. Traill, wie Anm. 6, S. 191, V. 152 f.
25 A. Önnerfors, wie Anm. 5, S. 97.
26 K. Beyerle, wie Anm. 4, Bd. I, S. 95.
27 A. Önnerfors, wie Anm. 5, S. 98.

die Reichenau [28]. Am 20. Juni des gleichen Jahres machte er eine zweite Schenkung an den gleichen Empfänger, beurkundet in Worms [29]. Beide Urkunden nennen Walahfrid Strabo als regierenden Abt der Reichenau. Hermann der Lahme dagegen und auch der Abtskatalog verzeichnen von 838 bis 842 Ruadhelm als Abt des Inselklosters. Ihnen zufolge nahm Walahfrid Strabo das Abbatiat erst von 842 bis 849 wahr. Damit berühren wir das schmerzlichste Problem im Leben des mit dem Kaiserhaus zutiefst verbundenen Mannes. Kaiser Ludwig d. Fromme hatte 817 in der feierlichen »Ordinatio Imperii« das Reich unter seine Söhne geteilt. Dann starb seine erste Frau, und der Kaiser heiratete die Welfin Judith. Judith schenkte dem Kaiser einen Sohn – Karl. Ludwig d. Fromme nahm aus der schon verteilten Reichserbmasse einen Erbteil für diesen nachgeborenen Sohn Karl heraus – und der Krieg der Söhne aus erster Ehe gegen ihren Vater war da! Später wurde es auch ein Krieg der Söhne untereinander. Als Erzieher des Prinzen Karl wurde der Reichenauer Mönch mitten in diese Auseinandersetzungen hineingezogen. Auf der Reichenau trat 838 Abt Erlebald von der Abtswürde zurück. Zur Abtswahl gab es im Pirminskloster zwei Gruppierungen. Die einen waren Parteigänger des Sohnes, Ludwig d. Deutschen; sie wählten Ruadhelm. Die anderen hielten treu zum Vater, Ludwig d. Frommen; sie wählten Walahfrid. Kaiser Ludwig starb überraschend 840. Sein Sohn Ludwig d. Deutsche besetzte Alemannien. Walahfrid ging in die selbstgewählte Verbannung, in den Reichsteil Lothars, zuerst nach Speyer, dann nach Murbach und hernach in die Abtei Fulda. Kaiser Ludwig d. Fromme übersandte vor seinem Sterben die Reichsinsignien – Szepter, Krone, Schwert – an Lothar. Walahfrid war der Reichsidee zutiefst verbunden und stand der Teilung des Reiches ablehnend gegenüber. Deshalb suchte er Lothar auf. Wie schwer er am Los der Verbannung trug, zeigt das Gedicht an Kaiser Lothar, das er in Speyer schuf. Grimald vermittelte die Versöhnung mit Ludwig d. Deutschen, und 842 konnte Walahfrid heimkehren auf die »Insula felix«, auf die »Sel'ge Insel«. Seine Regierungszeit als Abt bis 849 gehört zu den glücklichsten und fruchtbarsten der Abtei Reichenau.

Walahfrid Strabo schreibt mit Recht und mit Stolz über die Reichenau an Papst Gregor IV.: »Jener vorhin genannte Ort unseres Wirkens nimmt freilich den ersten Rang in diesen Gegenden der Erde ein. Er ist der heiligen und reinsten Jungfrau und dem Apostelfürsten Petrus geweiht. Eine nicht geringe Schar von Männern, die nach der Ordensregel ihr Leben verbringen, ist darin vereinigt. Die Fülle ihrer geistlichen Weisheit nährt die Nachbarlande ringsum mit reichlicher Lehre« [30]. Im frühen neunten Jahrhundert befand sich das christliche Abendland im Aufbruch und war voller Zukunftsmöglichkeiten. Die Abtei Reichenau war ein mitgestaltendes Zentrum in diesem Vorwärtsschreiten. Ihr genialer Abt hat dabei die Geistigkeit der damaligen Zeit wie in einem Brennpunkt in sich gesammelt und wegweisend ausgestrahlt. B. Bischoff hat in sorg-

28 K. Brandi, Die Reichenauer Urkundenfälschungen. Quellen und Forschungen zur Geschichte der Abtei Reichenau, Bd. 1, Heidelberg 1890, S. 3, Nr. 16.

29 K. Brandi, wie Anm. 28, Nr. 17.

30 K. Beyerle, wie Anm. 4, S. 105.

fältigen Untersuchungen den Codex Sangallensis 787 als »Vademecum« Walahfrids erwiesen und dabei die Schrift des bedeutenden Mannes untersucht, die »schöne, individuelle Handschrift, in deren Wandlungen etwas von der Entwicklung einer außergewöhnlichen Persönlichkeit zu fassen ist« [31].

Diese außergewöhnliche Persönlichkeit wurzelt in der Frömmigkeit des benediktinischen Mönchtums. Von daher kommt das leidenschaftliche Mitgestalten des liturgischen Lebens. Die fränkische Kirche war sehr stark mit Rom verbunden, so daß die stadtrömische Liturgie in das Frankenreich importiert wurde. Die gallisch-fränkische Kirche hat aber diese römische Liturgie nicht einfach übernommen, sondern aus- und umgestaltet. »Man übertreibt nicht, wenn ... man behauptet: Die fränkisch-deutsche Kirche hat in kritischer Zeit die römische Liturgie für Rom selbst und für die christliche Welt des Mittelalters gerettet« [32]. Das Kirchenjahr und der Heiligenkalender wurden ausgebaut. Vor allem in der Messe wurde die römische Nüchternheit durch meditative und gemüthafte Elemente angereichert. Die damals angestrebten Veränderungen muten uns heute ganz modern an. Sie bemühen sich um:

1. *Buße und Besinnung:* Das Schuldbekenntnis wird betont, das »Agnus Dei« gilt nicht mehr für den Ritus des Brotbrechens, sondern als Friedensbitte und Reinigung vor der Kommunion.
2. *Stille:* Bisher laut gesprochene Gebete des Priesters werden still gebetet.
3. *Aktive Teilnahme des Volkes:* Das Volk soll das »Gloria«, das »Sanctus«, das »Gloria patri« mitsingen. Die Gemeinde soll am Opfergang teilnehmen, und alle Teilnehmer der Feier sollen am Friedenskuß teilhaben. Gerade im Letzteren suchen noch heute auch viele nach einem Zeichen der Versöhnung, das bei dem Friedenswunsch vor der Kommunion alle zusammenführt [33].

Manche Liturgiker nennen diese fränkische Messe Affektmesse. Im Frankenreich verstand und sprach nur eine dünne Oberschicht Latein, so daß man gern mit allegorischen Meßerklärungen das Verständnis für die liturgischen Vorgänge zu fördern suchte. Diese allegorische Meßerklärung setzte die Handlungen der Messe in symbolischen Bezug zu ganz konkreten Geschehnissen des Alten und des Neuen Bundes [34]. Hauptvertreter der allegorischen Methode war Bischof Amalar von Metz. Sein Hauptgegner war der Diakon Florus von Lyon. In diese Auseinandersetzung griff Walahfrid ein durch sein litur-

31 B. Bischoff, Eine Sammelhandschrift Walahfrid Strabo's, Cod. Sangallensis. 878, in: Aus der Welt des Buches, Leipzig 1950, S. 30 ff.

32 Th. Klauser, Kleine abendländische Liturgiegeschichte, Bonn 1965, S. 80.

33 J. A. Jungmann, Missarum Sollemnia, Eine genetische Erklärung der römischen Messe, Wien ^{3}1952, Bd. I, S. 101 ff., 112 f., 386 f., Bd. II, S. 455 ff.

34 Als Beispiele seien angeführt: Die beiden Lichter, die dem Evangelienbuch vorausgetragen werden bedeuten das Gesetz und die Propheten, weil diese dem Evangelium vorausgehen. Die sieben Bitten des Vaterunsers deuten hin auf die Ruhe Gottes am siebten Schöpfungstag und auf die Grabesruhe des Herrn, und die Mischung der Gestalten vor der hl. Kommunion weist auf die Vereinigung von Seele und Leib in der Auferstehung Jesu hin. Ausführlich handelt darüber J. A. Jungmann, wie Anm. 33, in Bd. I, S. 115–121.

giegeschichtliches Werk: »Liber de exordiis et incrementis quarundam in observationibus ecclesiasticis rerum«. »Über den Ursprung und die Entwicklung einzelner Teile der Liturgie« [35]. J. A. Jungmann schreibt von dieser Deutung des liturgischen Geschehens: »Walahfrid Strabo geht den Einzelheiten nach und zeigt dabei nicht nur Interesse, sondern auch erstaunlichen Scharfblick für liturgiegeschichtliche Dinge« [36]. Reginbert [37] hat das Werk angeregt. Im 8. Kapitel spricht der Verfasser von Kaiser Ludwig »seligen Angedenkens«. Außerdem nennt er sich in der Einleitung »pauper hebesque«, »arm (rechtlos) und schwach« [38]. Das kann nur für die Zeit seiner Verbannung gelten; denn Kaiser Ludwig starb am 20. Juni 840, und nach der Versöhnung mit Ludwig d. Deutschen 842 war der Abt eben nicht mehr »pauper hebesque«. Walahfrid meidet die Allegorese und geht den Problemen historisch-kritisch nach. In zweiunddreißig Kapiteln handelt er: »Über den Ursprung der Kirchen und Altäre«; »Über den Ursprung der verschiedenen Religionen«; »Über den Ursprung der christlichen Religion«; »Über die Schwierigkeiten, in die ein betender Mensch kommen kann«.

Wie sehr Walahfrid seiner Zeit in Forschung und Genauigkeit voraus war, zeigt das siebte Kapitel, wo sich eine beachtenswerte Stelle über das Eindringen des Griechischen in die Liturgie befindet und über griechische und lateinische Lehnwörter in der deutschen Sprache berichtet wird. Er verteidigt mit sarkastischem Humor die deutsche Sprache: »Ich möchte jetzt darüber sprechen wie unsere barbarische deutsche Zunge das Gotteshaus bezeichnet, auf die Gefahr hin, den Lateinern lächerlich zu erscheinen, als wollte ich grobschlächtige Affensöhne den Kindern des Augustus gleichsetzen« [39]. Hrabanus Maurus von Fulda nennt Walahfrid einmal einen »hingebenden und hochgemuthen Freund des Volkes« [40]. Aus dieser Freundschaft zum Volk erwuchs der kostbare Dienst, den der große Sohn des Inselklosters der deutschen Sprache erwiesen hat. Walahfrid hat nämlich zwischen den Worten des lateinischen Textes für das Volk, das des Lateins unkundig war, die altdeutschen Worte (Glossen) in der Volkssprache geschrieben. Ebenso hat er zwischen die Zeilen lateinischer Texte die althochdeutsche Übersetzung geschrieben (Interlinearversion). St. Sonderegger schreibt: »Das Althochdeutsche der Reichenau

35 Walahfrid Strabo, Liber de exordiis et incrementis quarundam in observationibus ecclesiasticis rerum, Migne PL 114, 919–966; A. Knoepfler, Walahfridi Strabonis: Liber de exordiis et incrementis quarundam in observationibus ecclesiasticis rerum, in: Veröffentlichungen aus dem Kirchenhistorischen Seminar München, Nr. 1, München ²1899; L. Eigl, wie Anm. 2, S. 39–50; P. A. Manser, Aus dem liturgischen Leben der Reichenau, in: Kultur der Abtei Reichenau, München 1925, Bd. I, S. 336 ff.

36 J. A. Jungmann, wie Anm. 33, Bd. I, S. 117.

37 A. Knoepfler, wie Anm. 35, S. 1. Reginbert war Zeitgenosse Walahfrids. Er war der berühmteste Bibliothekar der Abtei Reichenau. Zu Reginbert siehe: P. Lehmann, Die Mittelalterliche Bibliothek, in: Die Kultur der Abtei Reichenau, München 1925, Bd. II, S. 645 ff.; K. Preisendanz, Aus Bücherei und Schreibstube der Reichenau, ebenda S. 657 ff.

38 A. Knoepfler, wie Anm. 35, S. 1.

39 M. Hartig, Die Klosterschule und ihre Männer, in: Die Kultur der Abtei Reichenau, München 1925, Bd. II, S. 632.

40 J. König, wie Anm. 3, S. 410.

steht seit den Anfängen einer wissenschaftlichen Germanistik im Zentrum der frühen, ja frühesten deutschen Sprachgeschichte und Textüberlieferung« [41]. »Die Reichenau gehört zu den frühen, wichtigsten Schwerpunkten althochdeutscher Sprache« [42]. Im Mittelpunkt dieser Reichenauer Beiträge zur Überlieferung unserer Muttersprache steht Walahfrid Strabo. Von ihm stammen sicher: Die Glossierung des Pentateuchkommentars von Hrabanus Maurus, die Glossierung des Isidorkommentars und die schon erwähnten Rezeptglossen aus seinem »Vademecum« [43]. Im frühen 9. Jahrhundert entstand auf der Reichenau auch die Interlinearversion der ambrosianischen Hymnen, die dem Dichterabt zugeschrieben wird. In die 2. Hymne sind vier Bruchstücke eines althochdeutschen »Vaterunsers« eingestreut. In diesen Bruchstücken und in anderen Reichenauer althochdeutschen Quellen ist nach St. Sonderegger ein althochdeutsches r e i c h e n a u i s c h e s »Vaterunser« verborgen [44].

Nach diesem kleinen Exkurs in die Geschichte unserer Muttersprache kehren wir wieder zurück zum liturgischen Handbuch Walahfrid Strabos. Im 8. Kapitel behandelt er die Bilder und Statuen in Kirchen. Das war damals eine ernste Streitfrage. In der Ostkirche spielte die Verehrung der Bilder von Christus und den Heiligen immer eine große Rolle. Mit der wachsenden Verehrung der Bilder wuchs auch die Sorge um mögliche oder tatsächliche Verirrungen: »Du sollst dir kein geschnitztes Bild machen« [44a]. Der oströmische Kaiser Leo III. verbot 726 die Bilder von Christus und den Heiligen (= Ikonen) und befahl 730 die Vernichtung aller Bilder in den Kirchen. Im 9. Jahrhundert brach der Bilderstreit erneut im oströmischen Reich aus und führte zu blutigen Unruhen. Kaiser Theophilos (829–843) ließ seine eigenen bilderfreundlichen Brüder geißeln und ihnen Spottzeichen auf die Stirn brennen. Die Auseinandersetzungen beunruhigten die ganze Weltkirche und griffen auch auf die fränkische Kirche über [45]. Walahfrid ist in diesem Streit ein Mann der Mitte: »Einerseits soll die Mannigfaltigkeit der Bilder nicht

41 St. Sonderegger, Althochdeutsch auf der Reichenau, Neuere Forschungen zur ältesten Volkssprache im Inselkloster, in: Die Abtei Reichenau, Neue Beiträge zur Geschichte und Kultur des Inselklosters, Sigmaringen 1974, S. 69.

42 Ebenda, S. 82, Ziffer 3 und 6.

43 Ebenda, S. 76.

44 Ebenda, S. 81. Die von St. Sonderegger rekonstruierte Fassung des reichenauischen althochdeutschen Paternosters aus dem frühen 9. Jahrhundert (Zeit Walahfrids) sei hier in Anmerkung angeführt:

> fater unser du der pist in himilum
> kewihit (keheiligot) si namo din (diner)
> az quheme richi dinaz
> uuerde uuillo din eo so in himile inti in erdu
> prot unseraz tagalichaz kip uns hiuto
> inti farlaz uns sculdi unsero eo so(inti) uuir farlazzemes scolom unserem
> inti ni in caleite(e)s unsi in chorunga
> uzzan arlosi unsihc fona ubile

44a 2. Mos. 20,4.

45 L. Schreyer, Die Botschaft der Buchmalerei, Hamburg 1956, S. 23.

mit übermäßiger Verehrung umgeben, andererseits aber ihre Schönheit aus Geringschätzung nicht völlig verachtet werden. Man könnte sonst folgerichtig Gott den Vorwurf machen, daß er selbst Leuchten von solchem Glanz am Himmel ... erschaffen, denn diese wie auch andere Geschöpfe werden von einigen Irrenden als Götter verehrt«[46]. Behandelt wird auch »Die Weihe der Kirchen und Altäre«, »Das Verhalten im Gotteshaus«, »Die rechte Art zu beten« – »Kurz und rein muß das Gebet sein, und wir sollen wissen, daß wir nicht wegen vieler Worte, sondern wegen unserer Herzensreinheit und unserer Reuetränen erhört werden«[47]. »Die Anteilnahme am Gottesdienst«, »Die rechten Opfergaben«, »Die Opfer des alten Bundes«, »Das Opfer des neuen Bundes«, »Die Spendung der Sakramente«, »Die Taufe«, »Das geweihte Wasser« sind andere Themen des Handbuches.

In der Zeit Walahfrids war die Reichenauer Abtei maßgeblich beteiligt an der Aufnahme des Allerheiligenfestes in das Kirchenjahr. Der zweite Teil der »Geistlichen Lesung« (Matutin zweite Nokturn) im Brevier des Klerikers zu diesem Fest ist einer Predigt Walahfrids Strabos entnommen[48]. Die Reichenau hat damals das Josefsfest am 19. März in die Liturgie eingeführt[49]. Von den theologischen Schriften Walahfrids sind erhalten: Die Homilie zum Eingang des Matthäusevangeliums, die Rede über den Untergang Jerusalems, die Predigt von allen Heiligen, die Niederschrift der Kommentare Hrabans zu Leviticus und eine Auslegung der Psalmen, die sich stark an Augustinus anlehnt. Die berühmten »Glossa ordinaria« stammen nicht von ihm. Es ist wohl bezeichnend für das Ansehen und für das Können Walahfrids, daß die Abtei St. Gallen ihm den Auftrag gab, die Lebensgeschichte der Hausheiligen von St. Gallen, Gallus und Otmar, zu schreiben.

»Scintilla quaedam inest et eget fomite«[50].
»Ein Funke lebt in mir und braucht Zündstoff.«

»Mit Hrabans Schüler Walahfrid hat die literarische Kultur der Karolingerzeit einen Höhepunkt erreicht. In ihm traf die wiedergewonnene Fähigkeit, mit der lateinischen Literatursprache frei umzugehen, auf eine Dichterpersönlichkeit«[51]. In seinem Lebensbild: »Über Walahfrid Strabo von der Reichenau« führt J. König 122 große und kleine Gedichtwerke unseres alemannischen Landsmannes an und kennzeichnet damit dessen persönlichste Begabung[52]. A. Bergmann rühmt sein Talent, aus »deutschen Herzen und römischer Zunge« eine glanzvolle Synthese hervorgehen zu lassen[53]. Die Gedichte Strabos wurzeln der Form nach in der Antike. Er ist ein Kenner des griechischen Geistes und

46 A. Knoepfler, wie Anm. 35, S. 21 f.
47 L. Eigl, wie Anm. 2, S. 44.
48 P. A. Manser, wie Anm. 35, S. 336.
49 Ebenda, S. 341.
50 D. A. Traill, wie Anm. 6, S. 187.
51 A. Önnerfors, wie Anm. 5, S. 83.
52 J. König, wie Anm. 1, S. 423 f.
53 A. Bergmann, wie Anm. 20, S. 711–738.

der griechischen Sprache. Er beherrscht und benützt die Versmaße von Vergil, Ovid und Horaz. Dem Inhalt nach leben seine Werke im christlichen Glauben.

Seine Gedichte sind uns lebendig durch die Anteilnahme Walahfrids an seiner Zeit und durch das herzenswarme Erleben der Natur. Er kann gemütstief, fast rührselig sein wie im Heimwehgedicht [54], er kann das Kleinste schildern, »damit es sich mit hoher Ehre schmücke«, wie im »Hortulus«. Er kann aber auch gesellschaftskritisch hintergründig schreiben wie in seinem Hofgedicht: »De imagine Tetrici«. Im Folgenden sollen nur einige seiner Gedichtwerke vorgestellt werden.

Visio Wettini [55]
Die Vision Wettis

»Die ›Visio Wettini‹, religiöse Mystik und sinnbildliche Gestaltung eines christlichen Weltbildes, ist ein bedeutendes Zeugnis der Spiritualität des Reichenauer Conventes« [56]. Schon in dieser Dichtung, die er »primum Carmen« [57], sein »Erstlingsgedicht« nennt, zeigt sich Walahfrid als reifer Meister, obwohl er noch nicht ganz achtzehn Jahre alt ist. Sein geliebter Lehrer Wetti starb am 4. November 824. Schmerzbewegt meldet der Dichter den Tod seines Freundes an Grimald:

»Ach, was schreibe ich noch, da uns der Schreiber gestorben,
Welcher bisher unser Herz mit Schätzen der Weisheit bereichernd,
Aller Jahrhunderte Bau zur Vollendung zu führen bestrebt war« [58].

Wetti hatte vor seinem Tod eine Vision, eine geistige Schau. Er sah einen Engel, der später von sich sagt: »Dich zu wahren bin ich befohlen, Dir Beistand zu leisten, Engel, Wächter für Dich, bleib treu Dir, Dein Wesen zu hüten« (V. 680/681).

Dieser Engel führte den Sterbenden, vorbei am Feuerfluß der Hölle, an den Marmorberg der Läuterung, wo die Seelen der Verstorbenen für die Sünden ihres irdischen Lebens büßen, und danach zum Wohnsitz der Seligen. Heito, Erlebald, Tatto, Thegan-mar und ein Ungenannter waren bei diesem visionären Erleben des Vorstehers der Klosterschule anwesend. Heito schrieb Wettis Worte in Prosa nieder. Grimald und der Priester Adalgis, den man als den Ungenannten vermutet, nötigten Walahfrid, die Prosaniederschrift Heitos in Verse zu setzen. Der junge Mönch begann wahrscheinlich an Ostern 825 zu schreiben.

54 A. Bergmann, wie Anm. 20, S. 726–728; übersetzt von P. Winterfeld, ebenda, S. 727 f.
55 Walahfrid Strabo, Visio Wettini. Edition: MGH Poetae II, S. 301–333 (Ed. E. Dümmler, 1884). Übersetzung und Kommentar in englischer Sprache: D. A. Traill, wie Anm. 6; auszugsweise übersetzt und kommentiert: L. Eigl, wie Anm. 2, S. 8–16; A. Bergmann, wie Anm. 20, S. 713–717; J. König, wie Anm. 1, S. 416 ff.; A. Önnerfors, wie Anm. 5, S. 90 f., S. 95 f.
56 W. Erdmann, Die Reichenau im Bodensee, Geschichte und Kunst, Königstein 1974, S. 4.
57 D. A. Traill, wie Anm. 6, S. 188, V. 11.
58 L. Eigl, wie Anm. 2, S. 4.

Die »Visio Wettini« ist so vielschichtig wie Strabo selbst. Sie ist eine bedeutende Quelle zur Geschichte der Abtei und gibt in den Einleitungsversen hervorragende Kurzcharakteristiken der Äbte. Sie ist aber auch Zeitgemälde und Zeitkritik. Der Dichter sieht zum Beispiel einen Abt schutzlos, dem Sturm preisgegeben, auf dem Berg der Läuterung. Die Anfangsbuchstaben der Verse ergeben VVALDO [59]. »Er wäscht ab, was er in törichtem Handeln vernachlässigt hat« [60]. Waldo war nicht nur Abt der Reichenau (786–806), sondern auch Bischof der Hauptstadt des Langobardenreiches, Pavia, und Erzieher und Rat des jungen Langobardenkönigs Pippin, des Sohnes Karls d. Großen. Einer Quelle zufolge war er auch Verwalter des Bistums Basel [61]. Vielleicht ist die öftere, notgedrungene Abwesenheit des Abtes von seiner Abtei der Grund für die Strafe. Der Visionär sieht die Grafen ODALRIH und RUADRIH, und er erkennt den Herrscher über das Volk der Römer, der für seine Sinnlichkeit büßen muß. Die Anfangsbuchstaben der Verse ergeben: »CAROLUS IMPERATOR«, Kaiser Karl [62]. Im eigentlichen ist die »Visio« ein theologisch-mystisches Werk: Weg der Läuterung nach dem Tode, Glaube an Gericht und ewiges Leben, dargestellt in der Bildhaftigkeit des Mittelalters. Durch sie wird »in der christlichen Dichtung des Abendlandes zum ersten Mal ein visionärer Stoff mit wertenden Bezügen zur damaligen Gegenwart behandelt« [63]. Die »Visio« ist aber auch ein Bekenntnis zur Gemeinschaft der Heiligen und ein Loblied auf die Jungfräulichkeit. Wetti und sein begleitender Engel rufen die seligen Priester und Mönche um Hilfe an; aber deren Fürsprache ist vergebens. Ebenso vergeblich ist die Fürsprache der seligen Märtyrer. Durch die Fürbitte der seligen Jungfrauen erfleht Wetti Vergebung und Heil:

> »Mild den Jungfrauen zu, die vor ihm standen, sprach Christus ...
> Eure Ehre vollbringt's, Vergebung schenke ich gänzlich« [64].

A. Baumgartner schreibt: »Die Visionen des Wettin sind gewissermaßen ein Präludium zu Dantes Göttlicher Komödie. Denn sie schildern nicht nur eine Fahrt durch Hölle, Himmel und Fegfeuer, sondern haben schon in der Gestalt des Führers, in der Beschreibung der Sündenstrafen, in der Auffassung des Fegfeuers als eines Berges, in der Verwendung persönlicher und zeitgenössischer Momente, in der Anordnung des Paradieses zahlreiche Anklänge an das spätere Weltgedicht aufzuweisen« [65]. Der Meister selber sagt von seinem Werk, er habe beschlossen, es als Erstlingsgabe Gott zu weihen [66].

59 D. A. Traill, wie Anm. 6, S. 196, V. 394–399.
60 Ebenda, S. 196, V. 396.
61 K. Beyerle, wie Anm. 4, S. 65.
62 D. A. Traill, wie Anm. 6, S. 197, V. 446–461.
63 W. Erdmann, wie Anm. 56.
64 D. A. Traill, wie Anm. 6, S. 200, V. 620 und 624.
65 L. Eigl, wie Anm. 2, S. 16.
66 D. A. Traill, wie Anm. 6, S. 188, V. 12 f.

Versus Strabi de beati Blaitmaic vita et fine[67]
Walahfrids Lebensbeschreibung des seligen Blaitmaic

Noch in seiner ersten Zeit auf der Reichenau schrieb der begabte junge Mönch, auf Bitten des Mitmönches Felix, die poetische Lebensbeschreibung des Märtyrers Blaitmaic. Der Dichter bezieht sich in den Einleitungsversen auf die antiken Schriftsteller und distanziert sich zugleich von ihnen: »Wenn solchen Ruhm für ihr Carmen errangen diejenigen, welche nur die schlechten Sitten und Taten der Menschen zum Himmel erhoben. Warum sollen wir nicht lieber die Taten der Heiligen besingen, deren Wunder uns beweisen, wie sehr sie Gott gefallen haben«[68].

Mündliche Erzählung irischer Mönche gab Walahfrid den Stoff für sein Gedichtwerk. Blaitmaic, ein königlicher Prinz, geht trotz des Widerstrebens seiner Umwelt ins Kloster auf die Insel Eo (Jona). Die Mönche wählen ihn zum Abt. Oft will Blaitmaic in fremde Lande, um für Christus zu sterben, aber seine Mönche bewegen ihn immer wieder zum Bleiben. Da offenbart ihm Gott, daß reißende Wölfe in den Schafstall einbrechen werden. Die reißenden Wölfe sind die Dänen. Blaitmaic ruft die Brüder zusammen, bittet diejenigen, die sich für das kommende Martyrium zu schwach fühlen, das Kloster zu verlassen. Während der Feier der heiligen Messe brechen die Barbaren ein, töten alle seine Mönche und verlangen von Blaitmaic den kostbaren Schrein des heiligen Kolumban. Der Abt verweigert jede Auskunft, und sie töten ihn. Trotz der Ausschmückung mit legendären Wunderberichten spüren wir als geschichtlichen Hintergrund die Gegenwart und den Einfluß der irischen Mönche. Walahfrid selbst schreibt am Schluß seines Galluslebens, dieser, Gallus, sei »de natione scotorum« gewesen, »quibus consuetudo peregrinandi iam paene in naturam conversa est«, denen die Leidenschaft zu pilgern beinahe zur eigentlichen Natur geworden sei[69]. Auf der Insel Jona (Eo) war ein berühmtes, von Kolumban dem Älteren gestiftetes Kloster, das oft von Dänen überfallen wurde und das viele Glaubensboten hervorbrachte. A. Önnerfors nimmt, Zimmer folgend, den Tod Blaitmaics erst im Jahre 827 an und verlegt infolgedessen die Entstehung des Gedichtes in die Fuldaer Zeit Walahfrids[70].

67 Walahfrid Strabo, Versus Strabi be beati Blaitmaic vita et fine, Edition: MGH, Poetae II, S. 297–301 (Ed. E. Dümmler, 1884); J. König, wie Anm. 1, S. 412; L. Eigl, wie Anm. 2, S. 20 f.; A. Önnerfors, wie Anm. 5, S. 90.

68 J. König, wie Anm. 1, S. 412.

69 J. Duft, Irische Einflüsse auf St. Gallen und Alemannien, in: Mönchtum, Episkopat und Adel zur Gründungszeit des Klosters Reichenau, hrsg. v. A. Borst, Sigmaringen 1974 (= Vorträge und Forschungen Bd. XX), S. 20.

70 A. Önnerfors, wie Anm. 5, S. 90, Absatz 2 und Anm. 46.

De vita et fine Mammae monachi [71]
Leben und Tod des Mönches Mammes

In mehr als 700 Versen schildert Walahfrid das Leben des heiligen Mönches und Märtyrers Mammes, der zur Zeit der julianischen Christenverfolgung in Kappadozien lebte und in Cäsarea gemartert wurde. L. Eigl verlegt dieses Epos in die erste Reichenauer Zeit unseres Dichters, denn es heißt darin: »Heiliger Mammes sei eingedenk Deines Dichters, den die Selige Au unter dem Namen Strabo erzieht« [72]. A. Önnerfors hält dieses Argument nicht für stichhaltig und nimmt mit D. A. Traill eine spätere Entstehungszeit an [73]. Das Werk ist ein Preislied auf die Glaubensstärke des Märtyrers, eine Schilderung der Bosheit gottesfeindlicher Mächte und Menschen sowie ein Preislied auf die Treue Gottes. Großartige Schilderungen zeigen, wie Tiere und Natur dem Glaubenszeugen wunderbar zugetan und gehorsam sind.

De imagine Tetrici [74]
Über das Standbild des Theoderich

Walahfrid Strabo hat sich 829 in Aachen mit dem Gedichtwerk: »De imagine Tetrici«, »Über das Standbild des Theoderich« am Kaiserhof eingeführt.

Darstellungshintergrund ist das Reiterstandbild des Ostgotenkönigs. Karl der Große hatte es von Ravenna nach Aachen bringen und neben dem Aachener Münster in seiner Pfalz aufstellen lassen. Einerseits war Karl der Große sehr bestrebt, sein Kaisertum an das des alten Roms anzuknüpfen, andererseits stand ihm auch der unabhängige germanische Herrscher Theoderich als Vorbild vor Augen. Der Dichter wählte für sein Werk die Form des Zwiegesprächs zwischen ihm, Strabus, und Scintilla, die wohl seinen dichterischen Genius darstellen soll. Die düstere Gestalt des Arianers Theoderich – er nennt ihm »belua« (wildes Tier), »pestis sine fine nocens« (endlos wütendes Verderben) – bildet den dunklen Hintergrund für die leuchtende Darstellung der kaiserlichen Familie und des kaiserlichen Hofes. Er stellt den Kaiser als den »großen Moses« dem törichten

71 Walahfrid Strabo, De vita et fine Mammae monachi. Edition: MGH, Poetae II, S. 275–296 (Ed. E. Dümmler, 1884); J. König, wie Anm. 1, S. 415 f.; L. Eigl, wie Anm. 2, S. 16–20; A. Önnerfors, wie Anm. 5, S. 90.

72 L. Eigl, wie Anm. 2, S. 16, Anm. 2.

73 A. Önnerfors, wie Anm. 5, S. 90 und dort Anm. 46.

74 Walahfrid Strabo, Versus in Aquisgrani palatio editi anno Hludovici imperatoris XVI. de imagine Tetrici. Edition: MGH, Poetae II, S. 370–378 (Ed. E. Dümmler, 1884); L. Eigl, wie Anm. 2, S. 26–30; A. Bergmann, wie Anm. 20, S. 730; A. Däntl, Walahfrid Strabos Widmungsgedicht an die Kaiserin Judith und die Theoderichstatue vor der Kaiserpfalz zu Aachen, in: Zs. d. Aachener Gesch.-Vereins 52, 1930, 1 ff.; W. Weingartner, Ein Reichenauer Mönch des 9. Jahrhunderts begegnet Kaiser Ludwig dem Frommen, in: Hegau 4, 1959, Heft 2, S. 143–148; H. Hoffmann, Die Aachener Theoderichstatue, in: Das erste Jahrtausend. Kultur und Kunst im werdenden Abendland an Rhein und Ruhr, Düsseldorf 1962, Textbd. I, 318 ff.; A. Önnerfors, wie Anm. 5, S. 87 f.

Theoderich gegenüber. Die Glaubenskämpfe mit den Arianern klingen noch durch das Werk. Das Epos ist geschaffen an einer Wende der fränkischen Geschichte: Die Kaiserherrlichkeit war noch intakt, aber der nachgeborene Sohn Karl aus der zweiten Ehe Kaiser Ludwigs sollte ein gleichwertiges Erbe erhalten. Damit war der Grund für einen Aufruhr der älteren Söhne schon gegeben, und die Parteien bildeten sich. Zwischen allem Lob mahnt zum Beispiel Walahfrid Ludwig den Deutschen: »Trachte nicht nach Machterweiterung, sondern sei zufrieden mit dem, was du hast.« Da ist von einem »Pharao« die Rede und von »anderen Todesfällen«. »Es liegt etwas Gärendes, Ungeklärtes in ihr (dieser Dichtung), ja sogar etwas Stichelndes, Aufreizendes. Man wittert hinter jedem Wort eine versteckte Absicht, und jeder Gedanke ist voll dunkler Anspielung« [75]. A. Önnerfors urteilt: »Daß die Hofdichtung ›De imagine Tetrici‹ nicht aufgehört hat Philologen, Historiker und Kunsthistoriker in Bann zu halten, verwundert nicht, denn nicht viele Länder besitzen in ihren Schätzen der mittelalterlichen Literatur ein ähnlich reizvolles Denkmal über kaiserliches Selbstverständnis . . ., über Hofpersönlichkeiten und politisches Ränkespiel im beginnenden neunten Jahrhundert« [76]. Über dem Gedicht liegt die Tragik der Geschichte, daß eben Kaiser Ludwig und seine Söhne nicht weise waren wie »Moses« und »Aaron«, sondern das Reich in Bruderzwist, Spaltung und bitterste Not gestürzt haben.

Ad Ruadbernum Laicum [77]
An den Laien-Bruder Ruadbern

Die Not und Verwirrung, die in »De imagine Tetrici« als Befürchtung zwischen den Zeilen stand, ließ nicht lange auf sich warten. Von ihr wurde Walahfrid direkt betroffen und zu zwei weiteren Gedichten angeregt.

Die älteren Söhne hatten die Kaiserin Judith, die zweite Frau Ludwigs d. Frommen, 833 nach Dertona, nördlich Genua, verbannt. Ruadbern hatte die Kaiserin jedoch wieder befreit. In hundert Versen besingt Walahfrid die heldenmütigen Taten und die Treue dieses Gefolgsmannes der Kaiserin:

»Seitdem mir das Gerücht den Hauch Deines berühmt gewordenen Namens herbeiführte und ich von Deiner festen Treue und dem Hergang Deiner Taten erfahren hatte, hegte ich tiefe Zuneigung zu Dir und verehrte Dich ständig in meinem Herzen. Und da es mir beschert wurde, daß mein Wunsch, mit Dir bekannt zu werden, endlich in Erfüllung ging, steigerte sich meine Zuneigung, je näher ich Dich wie einen Bruder kennen lernen durfte« [78]. Die »feste Treue«, das ist für den alemannischen Freund des Kaiserhauses geradezu das Leitmotiv der Dichtung. Er läßt es noch einmal anklingen:

75 A. Bergmann, wie Anm. 20, S. 730.
76 A. Önnerfors, wie Anm. 5, S. 86.
77 Walahfrid Strabo, Ad Ruadbernum Laicum. Edition: MGH, Poetae II, S. 388–390 (Ed. E. Dümmler, 1884); L. Eigl, wie Anm. 2, S. 31 f.; A. Bergmann, wie Anm. 20, S. 734; Übersetzung: A. Önnerfors, wie Anm. 5, S. 108–113.
78 A. Önnerfors, wie Anm. 5, S. 109.

»Treue allein, allein das Bewußtsein des Rechten vermochten ein derartig großes Vorhaben anzuregen und gewisse Hoffnungen auf eine Rettung einzuflößen« [79].

Einfühlsam und lebendig schildert der Dichter die Gefahren der wagemutigen Fahrt: »Wie oft packte dich nicht die Angst, wenn du auf schmalem Steg die mächtig reißenden Flüsse überqueren mußtest« [80].

Walahfrid drückt eigene Erfahrung von der Not, Bosheit, Grausamkeit jener Bruderkriegszeiten aus, wenn er schreibt: »Es gab zwar andere Gefahren, doch keine von ihnen ließ sich mit der Grausamkeit der Menschen vergleichen, deren wütende Schreckensherrschaft keine Grenzen kannte« [81]. Schlicht und köstlich schließt das Preislied:

»Also schenkt Dir, Rodbern, die Wenigkeit des Strabo zehn mal zehn Verse mit den Wünschen, daß Du mit gewohnter Hingabe über Gottes Gebot nachsinnst, und daß es Dir in alle Ewigkeit wohl ergehen möge« [82].

Ad Hlotharium Imperatorem [83]
An Kaiser Lothar

Wie »fides«, Treue, das Leitmotiv des Dankliedes an Ruadbern war, so ist »tristitia«, Trauer, der Grundakkord in diesem Klagelied. Walahfrid lebte in Speyer, der Stadt, die damals seine »unica adiutrix«, »seine einzige Stütze«, in der Verbannung war. Er klagt, daß seine Muse lange verstummt sei. In seiner eigenen Not beschreibt er auch die Not des von dem Bruderkrieg hart betroffenen Volkes:

»Paupertas, maeror, luctus, angustia, terror, ut vagus atque fugax aliorum tecta peragro« [84]. »Armut, Wehmut, Trauer, Ängste, Schrecken: Als Fremdling und Flüchtling irre ich in fremden Wohnstätten umher.«

Sogar seine von Feinden besetzte Heimat Alemannien will er nun vergessen. Gerade er, der doch für seine »Augia« das Wort »Insula felix«, »Sel'ge Insel« geprägt hat; und die »Feinde« sind deutsche Blutsbrüder:

»Nunc oblita mihi iam sunt Alamannica rura;
eligo planiciem Francorum, desero terras hostibus obsessas« [85].
Jetzt habe ich schon die alemannischen Gefilde vergessen.
Ich wähle die Ebene der Franken, und gebe das Gebiet auf,
das von Feinden bedrückt ist.«

79 Ebenda, S. 109.
80 Ebenda, S. 109.
81 Ebenda, S. 109.
82 Ebenda, S. 113.
83 Walahfrid Strabo, Ad Hlotharium Imperatorem, Edition: MGH Poetae II, S. 413–415 (Ed. E. Dümmler, 1884); L. Eigl, wie Anm. 2, S. 38; A. Bergmann, wie Anm. 20, S. 736; A. Önnerfors, wie Anm. 5, S. 101–103; W. Weingartner, Wie Walahfrid Strabos Entwurf vom Zusammenbruch des Karolingerreiches und -hauses 841 plötzlich endete, in: Hegau 11, 1966, Heft 1/2, S. 105–111.
84 A. Önnerfors, wie Anm. 5, S. 101.
85 Ebenda, S. 102, V. 54 ff.

Dies ist eines der persönlichsten Gedichte Walahfrids. Er tröstet sich damit, auch andere Dichter des Altertums hätten solche Verbannung erlitten. Zum Schluß bittet er den Kaiser um Hilfe für seine Getreuen:

»Porrige, sancte, manum, Caesar, tua iure secutis, qui sua spreverunt pro te« [86].

Walahfrid ist in die Verbannung gegangen, weil er ein Anhänger des Kaisertums und gegen die Teilung des Reiches war.

Gotescalcho monacho qui et Fulgentius [86a]
An den Mönch Gottschalk – auch Fulgentius genannt

Gottschalk war Mönch in Fulda. Er und Walahfrid Strabo waren sehr enge Freunde. Als Ausdruck dieser Freundschaft hatten sie sich gegenseitig die Namen von zwei berühmten Kommentatoren Vergils zugelegt. Walahfrid erhielt den Namen Honoratus, Gottschalk den Namen Fulgentius. Gottschalk v. Orbais war ein sächsischer Grafensohn, der gegen seinen Willen in die Fuldaer Mönchsgemeinschaft eingegliedert wurde. Auf der Synode von Mainz (848) wurde er wegen seiner irrigen Prädestinationslehre verurteilt und 849 seiner Priesterwürde entkleidet und zu lebenslänglicher Haft in das Kloster Hautvillers gewiesen. Als Walahfrid diesen Brief an Fulgentius schrieb, war dieser schon verurteilt. Walahfrid kannte das Ungestüm seines Freundes, und er läßt an mehreren Stellen seine Sorge um ihn erkennen und richtet liebevolle Ermahnungen an den Ordensbruder. Der Brief ist am Hof Karls d. Kahlen geschrieben, wo der Abt der Reichenau im Auftrag Ludwigs d. Deutschen weilte. Aus dem Gedicht erkennen wir die tiefe Zuneigung Walahfrids:

»Ut requies lasso, sitienti ut dulcis aquae fons,
Lac maternum agnis, pluvia ut squalentibus arvis,
Carcere constrictis ut lucis vena diurnae:
Sic optata palatinas mihi metra tuapte
Scripta manu nebulas vero pepulere nitore« [87].

»Wie dem Ermüdeten die Ruhe, dem Dürstenden die Wasserquelle, den Lämmern die Muttermilch, den dürren Gefilden der Regen, den Eingekerkerten ein Streif des Tageslichts: So ersehnt kam mir Dein Brief und zerstreute durch seinen Schimmer die Nebel am kaiserlichen Hof.«

86 Ebenda, S. 103, »Reiche, erhabener Kaiser, Deine Rechte denen, die Deine Rechte verfechten, ihren Vorteil vergessen für Dich«, V. 75 f.

86a Walahfrid Strabo, MGH Poetae II, S. 362–364; MGH Poetae III, 708, 712; L. Eigl, wie Anm. 2, S. 62; A. Önnerfors, wie Anm. 5, S. 103 f.

87 Walahfrid Strabo, wie Anm. 86a, V. 5–9.

Es war sicher ein großes Unglück für Gottschalk, daß Walahfrid so früh starb und er diesen Fürsprecher verlor. Unübertrefflich hat der Dichter diese Freundschaft in dem früheren lyrischen Gedicht »ad amicum« ausgedrückt:

»Cum splendor lunae fulgescat ab aethere purae,
tu sta sub divo cernens speculamine puro,
qualiter ex luna splendescat, lampade pura;
et splendore suo caros amplectitur uno
corpore divisos, sed mentis amore ligatos.
Si facies faciem spectare nequivit amantem,
hoc saltim nobis lumen sit pignus amoris.
Hos tibi versiculos fidus transmittit amicus.
Si de parte tua fidei stat fixa catena,
nunc precor, ut valeas felix per saecula cuncta« [88].

»Wenn der Glanz des klaren Mondes vom Himmel strahlt, dann sollst Du unter freiem Himmel stehen und klaren Blicks schauen, wie er vom Mond, der klaren Lampe, leuchtet; und mit seinem Glanz umfaßt der Mond dann gleichermaßen die beiden Vertrauten, die zwar körperlich getrennt, aber in geistiger Liebe verbunden sind. Wenn das Angesicht das geliebte Antlitz des Freundes nicht erblicken konnte, so soll uns wenigstens dieses Licht das Zeichen unserer Liebe sein. Ein treuer Freund schickt Dir diese kleinen Verse. Wenn von Dir aus die Kette der Treue fest bleibt, dann bete ich jetzt zu Gott, daß Du in Ewigkeit stark und glücklich sein mögest« [89].

»Wenn von Dir aus die Kette der Treue fest bleibt, dann bete ich jetzt zu Gott, daß Du in Ewigkeit stark und glücklich sein mögest« [90].

Dieses Freundeswort drückt auch die Gesinnung aus, die Walahfrid Strabo für seine Reichenau hegte, und in dieser guten Verbundenheit soll die kurze, sehr lückenhafte Betrachtung seines Lebens beendet sein. Wir sind tatsächlich keinen toten Schemen begegnet, sondern einem sehr lebendigen Menschen, der seine Zeit miterlebt, miterlitten und mitgestaltet hat. Der große Abt der Reichenau hat unserer Heimat und dem christlichen Abendland Impulse gegeben, die bleibende Frucht getragen haben. Für kurze Zeit waren wir Weggenossen einer ganz anderen Epoche mit ganz anderen Verhältnissen und Möglichkeiten; aber die Menschen waren im Grunde uns gleich: Sie liebten, haßten, führten Kriege und versöhnten sich. »Das Herz ist das große Ding«, sagt Max Mell im Apostelspiel. Eben darin lag wohl der bedeutendste Zug im Leben unseres Landsmannes, daß er ein Freund Gottes sowie der Menschen war und in verwirrter Zeit ein klarer, treuer, liebender Mitmensch geblieben ist. Dadurch haben seine vielseitigen und genialen Gaben ihren eigentlichen Glanz erhalten.

88 A. Önnerfors, wie Anm. 5, S. 105.
89 Ebenda, S. 106.
90 Ebenda, S. 106.

Incipet Liber de cultura hortorum Strabi seu Strabonis feliciter

1. DE CULTURA HORTORUM

Plurima tranquillae cum sint insignia vitae,
Non minimum est, si quis Pestanae deditus arti
Noverit obsceni curas tractare Priapi.
Ruris enim quaecumque datur possessio, seu sit,
Putris, harenoso qua torpet glarea tractu,
Seu pingui molita graves uligine foetus,
Collibus erectis alte sita, sive iacenti
Planitie facilis, clivo, seu vallibus haerens,
Non negat ingenuos holerum progignere fructus,
Si modo non tua cura gravi compressa veterno,
Multiplices holitoris opes contempnere stultis
Ausibus assuescit, callosasque aere duro
Detrectat fuscare manus et stercora plenis
Vitat in arenti disponere pulvere qualis.
Haec non sola mihi patefecit opinio famae
Vulgaris, quaesita libris nec lectio priscis,
Sed labor et studium, quibus otia longa dierum
Postposui, expertum rebus docuere probatis.

2. DIFFICULTAS ASSUMPTI LABORIS

Bruma senectutis vernacula, totius anni
Venter et ampliflui consumptrix saeva laboris,
Veris ubi adventu terrarum pulsa sub imas
Delituit latebras, vestigiaque horrida avarae
Ver hiemis reduci rerum delere pararet
Scemate, et antiquo languentia rura nitori
Reddere, ver orbis primum caput et decus anni,
Purior aura diem cum iam reserare serenum
Inciperet, Zephirosque herbae floresque secuti
Tenuia porrigerent radicis acumina, caeco
Tecta diu gremio, canasque exosa pruinas,

Hier beginnt, unter glücklichem Stern, das Buch über den Gartenbau von Strabus oder Strabo [91]

1. VOM GARTENBAU

Zahlreich gewiß sind Zeichen und Vorzug des ruhigen Lebens,
Nicht das Geringste ist es jedoch: der Rosenstadt Paestum
Kunst sich zu weihn in der Arbeit des garstigen Gottes Priapus.
Was für Land du immer besitzest, und wo es sich finde,
Sei's, daß auf sandigem Strich nur Steine unfruchtbar lasten,
Oder es bringe aus fetter Feuchte gewichtige Früchte,
Liegend auf ragenden Hügeln erhöht oder günstig im weiten,
Niedrigen Feld oder lagernd geschmiegt an die Lehne des Tales, –
Nirgends weigert es sich, die ihm eignen Gewächse zu zeugen,
Wenn deine Pflege nur nicht ermattet in lähmender Trägheit,
Nicht sich gewöhnt zu verachten den vielfachen Reichtum des Gärtners
Törichterweise, und nur sich nicht scheut, die schwieligen Hände
Bräunen zu lassen in Wetter und Wind und nimmer versäumet,
Mist zu verteilen aus vollen Körben im trockenen Erdreich.
Dies entdeckte mir nicht landläufiger Rede Erkenntnis
Und nicht allein Lektüre, die schöpft aus den Büchern der Alten:
Arbeit und eifrige Neigung vielmehr, die ich vorzog der Muße,
Tag für Tag, haben dies mich gelehrt durch eigne Erfahrung.

2. SCHWIERIGKEIT DES GARTENBAUS

Wenn der Winter, dies Abbild des Alters, des jährlichen Kreislaufs
Magen, der gierig die reichen Früchte der Arbeit verzehret,
Durch das Kommen des Frühlings vertrieben, sich birgt in der Erde
Tiefstem Versteck, und der Lenz die Spur der verwüstenden Jahrszeit
Auszutilgen beginnt im Wiedererwachen des Lebens,
Und der ermatteten Flur ihre frühere Schönheit zu bringen, –
Frühling, du Anfang des kreisenden Jahrs und Schmuck seines Laufes! –
Wenn dann reinere Lüfte die heiteren Tage eröffnen,
Kräuter und Blumen, vom Zephyr geweckt, ihre schüchternen Triebe
Aus den Wurzeln senden zum Licht, die im finsteren Schoße
Lang sich verbargen, scheuend und hassend die eisigen Fröste,

91 Nach der Übersetzung von Werner Näf vgl. Anm. 1 und Anmerkungen zu Text und Übersetzung S. 102.

Cum silvae foliis, montes quoque gramine pingui,
Prataque conspicuis vernarent laeta virectis,
Atriolum, quod pro foribus mihi parva patenti
Area vestibulo solis convertit ad ortum,
Urticae implerunt, campique per aequora parvi
Illita ferventi creverunt tela veneno.
Quid facerem? tam spissus erat radicibus infra
Ordo catenatis, virides ut texere lentis
Viminibus crates stabuli solet arte magister:
Ungula cornipedum si quando humore nocetur
Collecto et putres imitatur marcida fungos.
Ergo moras rumpens Saturni dente iacentes
Aggredior glebas, torpentiaque arva revulsis
Sponte renascentum complexibus urticarum
Erigo et umbricolis habitata cubilia talpis
Diruo, lumbricos revocans in luminis oras.
Inde Nothi coquitur flabris solisque calore
Areola et lignis ne diffluat obsita quadris
Altius a plano modicum resupina levatur,
Tota minutatim rastris contunditur uncis,
Et pinguis fermenta fimi super insinuantur.
Seminibus quaedam temptamus holuscula, quaedam
Stirpibus antiquis priscae revocare iuventae.

3. INSTANTIA CULTORIS ET FRUCTUS OPERIS

Denique vernali interdum conspergitur imbre
Parva seges, tenuesque fovet praeblanda vicissim
Luna comas; rursus si quando sicca negabant
Tempora roris opem, culturae impulsus amore,
Quippe siti metuens graciles torpescere fibras,
Flumina pura cadis inferre capacibus acri
Curavi studio, et propriis infundere palmis
Guttatim, ne forte ferocior impetus undas
Ingereret nimias, et semina iacta moveret.
Nec mora, germinibus vestitur tota tenellis
Areola et quamquam illius pars ista sub alto
Arescat tecto, pluviarum et muneris expers
Squaleat aerii, pars illa perennibus umbris
Diffugiat solem, paries cui celsior ignei

Wenn die Wälder mit Laub und die Berge mit üppigen Kräutern,
Lachende Wiesen schon grünen mit Gras, eine Weide der Augen,
Dann haben Nesseln den Raum überwuchert, der vor meiner Türe
Östlich zur Sonne sich wendet als Garten auf offenem Vorplatz,
Und auf den Flächen des Feldchens ist übles Unkraut gewachsen,
Pfeilen vergleichbar, verderblich bestrichen mit ätzendem Gifte.
Wie dem zu wehren? So dicht war durch unten verkettete Wurzeln
Alles verwachsen, gleich wie im Stalle der Wärter ein grünes
Flechtwerk verfertigt, kunstvoll gewirket aus biegsamen Ruten,
Wenn die Hufe des Pferds in gestauter Feuchtigkeit leiden,
Weich und morsch wird der Hornschuh, den schwammigen Pilzen vergleichbar.
Ungesäumt greife ich an mit dem Karst, dem Zahn des Saturnus,
Ruhende Schollen, breche das leblos starrende Erdreich
Auf und zerreisse die Schlingen der regellos wuchernden Nesseln,
Und ich vernichte die Gänge, bewohnt von dem lichtscheuen Maulwurf,
Regenwürmer dabei ans Licht des Tages befördernd.
Dann im Südwind, bestrahlt von der Sonne, erwärmt sich das Beetchen,
Und ich umfasse mit Holz es im Viereck, damit es beharre,
Über dem ebenen Boden ein wenig höher gehoben.
Allerwärts wird dann die Erde mit krummer Hacke zerkleinert,
Nährstoff des kräftigen Mistes darauf gestreut in den Boden.
Manche Kräuter sucht man aus Samen zu ziehen, durch alte
Stecklinge andre zu frischem Keimen und Wachsen zu bringen.

3. EIFER DES GÄRTNERS UND FRUCHT SEINER ARBEIT

Schließlich besprengt bisweilen ein Frühlingsregen die junge
Saat, und wechselnd erquickt der schmeichelnde Mondschein der Blätter
Zartes Gefieder. Andererseits, wenn trockene Zeiten
Weigerten etwa den Segen des Taus, dann trieben mich eifrig
Liebe zum Garten und Sorge, daß nicht die fasrigen, kleinen
Wurzeln erschlafften vor Durst, in geräumigen Krügen zu schleppen
Ströme erfrischenden Wassers und tropfenweise zu gießen
Aus den eigenen Händen, damit nicht in heftigem Schwalle
Allzu reichliche Fluten verschwemmten die keimenden Saaten.
Alsbald kleidet sich nun mit den zartesten Keimen das ganze
Gärtchen, und wenn auch ein Teil seiner Beete unter dem hohen
Dache, Regen und Tau entbehrend, verstaubt und verschmachtet,
Und wenn ein anderer Teil in dauerndem Schatten die Sonne
Flieht und vermißt, weil hindernd zur Seite hoch eine Wand den

Sideris accessum lateris negat obice duri,
Non tamen ulla sibi fuerant quae credita pridem
Spe sine crementi pigro sub cespite clausit.
Quin potius quae sicca fere et translata subactis
Suscepit scrobibus, redivivo plena virore
Restituit, reparans numeroso semina fructu.
Nunc opus ingeniis, docili nunc pectore et ore,
Nomina quo possim viresque attingere tantae
Messis, ut ingenti res parvae ornentur honore.

4. SALVIA

Lelifagus prima praefulget fronte locorum,
Dulcis odore, gravis virtute atque utilis haustu.
Pluribus haec hominum morbis prodesse reperta
Perpetuo viridi meruit gaudere iuventa.
Sed tolerat civile malum: nam saeva parentem
Progenies florum, fuerit ni dempta, perurit
Et facit antiquos defungier invida ramos.

5. RUTA

Hoc nemus umbriferum pingit viridissima rutae
Silvula ceruleae, foliis quae praedita parvis
Umbellas iaculata breves, spiramina venti
Et radios Phoebi caules transmittit ad imos,
Attactuque graves leni dispergit odores.
Haec cum multiplici vigeat virtute medellae,
Dicitur occultis adprime obstare venenis
Toxicaque invasis incommoda pellere fibris.

6. ABROTANUM

Nec minus abrotani promptum est mirarier alte
Pubentis frutices et quas inspicat aristas
Ramorum ubertas, tenues imitata capillos.
Huius odoratum lento cum vimine crinem
Poeoniis carptum prodest miscere medellis.

Zugang des feurigen Himmelsgestirnes ihm neidisch verweigert, –
Gleichwohl hat doch mein Garten von dem, was man einst ihm vertraute,
Nichts ohne Hoffnung auf Wachstum untätig im Boden verschlossen.
Nein, er hat, was er beinah vertrocknet empfing, in gehöhlte
Gruben versetzt, mir erstattet voll wiedererwachender Grüne,
Vielfach vermehrt in zahlreicher Frucht die Aussaat belohnend.
Nun braucht es Dichtertalent, Erkenntnis und Schönheit der Rede,
Um zu verkünden die Namen und Kräfte so reichlicher Ernte,
Daß auch das Kleine dadurch mit hoher Ehre sich schmücke.

4. SALBEI

Leuchtend blühet Salbei ganz vorn am Eingang des Gartens,
Süß von Geruch, voll wirkender Kräfte und heilsam zu trinken.
Manche Gebresten der Menschen zu heilen, erwies sie sich nützlich,
Ewig in grünender Jugend zu stehn, hat sie dadurch verdienet.
Aber sie trägt verderblichen Zwist in sich selbst: denn der Blumen
Nachwuchs, hemmt man ihn nicht, vernichtet grausam den Stammtrieb,
Läßt in gierigem Neid die alten Zweige ersterben.

5. RAUTE

Diesen schattigen Hain ziert bläulichschimmernder Raute
Grünend Gebüsch. Ihre Blätter sind klein, und so streut sie wie Schirmchen
Kurz ihre Schatten nur hin. Sie sendet das Wehen des Windes
Durch und die Strahlen Apolls bis tief zu den untersten Stengeln.
Rührt man leicht sie nur an, so verbreitet sie starke Gerüche.
Kräftig vermag sie zu wirken, mit vielfacher Heilkraft versehen,
So, wie man sagt, bekämpft sie besonders verborgene Gifte,
Reinigt den Körper von Säften, die ihn verderblich befallen.

6. EBERRAUTE

Ebenso leicht ist's, den hohen Wuchs deiner Staude zu preisen,
Eberraute, bewundernd das Blattwerk, das reich sich entfaltet,
Üppig in Zweige geteilt und feinen Haaren vergleichbar.
Dieser duftende Schopf, zugleich mit den biegsamen Zweigen
Ärztlichen Mitteln vermengt, ergibt eine nützliche Mischung.

Febribus obstat enim, telum fugat, adiuvat artus,
Quos incerta premit furtivae iniuria guttae.
Praeterea tot habet vires quot fila comarum.

7. CUCURBITA

Haud secus altipetax semente cucurbita vili
Assurgens, parmis foliorum suscitat umbras
Ingentes, crebisque iacit retinacula ramis.
Ac velut ulmum hedera implicuit cum frondibus altam,
Ruris abusque sinu toti sua brachia circum
Laxa dedit ligno, summumque secuta cacumen
Corticis occuluit viridi tutamine rugas:
Aut arbustivum vitis genus, arbore cum se
Explicuit quavis, ramorumque alta corimbis
Vestiit, et propria sursum se sponte levavit –
Visitur ergo rubens aliena in sede racemus
Dependere, premit tabulata virentia Bachus,
Pampinus et frondes discernit latior altas –
Sic mea sic fragili de stirpe cucurbita surgens
Diligit appositas, sua sustentacula, furcas,
Atque amplexa suas uncis tenet unguibus alnos.
Ne vero insano divelli turbine possit,
Quot generat nodos, tot iam retinacula tendit,
Et quoniam duplicem producunt singula funem,
Undique fulturam dextra levaque prehendunt,
Et velut in fusum nentes cum pensa puellae
Mollia traiciunt spirisque ingentibus omnem
Filorum seriem pulchros metantur in orbes,
Sic vaga tortilibus stringunt ammenta catenis
Scalarum, teretes involvuntque ilico virgas,
Viribus et discunt alienis tecta cavarum
Ardua porticuum volucri superare natatu.
Iam quis poma queat ramis pendentia passim
Mirari digne? quae non minus undique certis
Sunt formata viis, quam si tornatile lignum
Inspicias medio rasum, quod mamfure constat.
Illa quidem gracili primum demissa flagello
Oblongo, tenuique ferunt ingentia collo
Corpora, tum vastum laxatur in ilia pondus,

Fieber wehret sie ab, scheucht Seitenstechen, bringt Hilfe,
Wenn die tückische Gicht uns mit plötzlichem Anfall belästigt.
Aber noch mehr: Sie hat so viel Kräfte wie haarfeine Blätter.

7. KÜRBIS

Siehe, da wächst auch der Kürbis. Aus winzigen Samen zur Höhe
Reckt er sich, streut mit den Schilden der Blätter riesige Schatten
Und entsendet mit üppigen Zweigen haltende Ranken.
Gleich wie der laubige Epheu die ragende Ulme umwindet,
Legt seine schmiegenden Arme vom Mutterschoße der Erde
Rings um den Baum und, reichend empor zum obersten Wipfel,
Decket die Runzeln der Rinde mit seinem frischgrünen Kleide,
Oder auch wie die an Bäumen gezogene Rebe am Stamme
Ranket und oben die Zweige mit Beerenbüscheln bekleidet,
Steigend aus eigener Kraft hinauf in die Höhe der Krone,
Also daß von dem fremden Sitze die rötlichen Trauben
Hangen du siehst, denn Bacchus belastet das grünende Stockwerk,
Und seine stärkeren Triebe zerteilen hoch oben das Laubdach:
So sucht auch mein Kürbis, aus schwächlichem Stamme entsprossen,
Halt an den gabligen Stützen, die man ihm dazu bereitstellt.
Klammernd mit hakigen Ranken, erfaßt er die Zweige der Erle.
Daß kein tobender Sturmwind ihn loszureißen vermöge,
Treibt er gleich viele Ranken hervor, wie er Knoten erzeuget,
Und weil jede am Ende in doppelte Klammern sich gabelt,
Packen sie rechts und links von allen Seiten die Stütze.
Gleich wie wenn spinnende Mädchen die weiche Wolle hinüber
Ziehn auf die Spindel, und wie sie, geschwungen zu großen Spiralen,
Ordnen in zierlicher Windung die ganze Reihe der Fäden,
Also umschnüren in Ketten die weitausholenden Ranken
Und verkleiden von Stufe zu Stufe die rundlichen Zweige,
Bringen es fertig, mit fremden Kräften gar über den Dachfirst
Wölbiger Säulengänge in schwimmendem Fluge zu steigen.
Wer vermag nun die rings von den Zweigen hangenden Früchte
Würdig zu preisen? Sie sind allenthalben mit Kurven nicht minder
Sicher geformt, als wenn du gedrechseltes Holz, in der Mitte
Künstlich vom Messer des Drechslermeisters geglättet, betrachtest.
Abwärts gebogen an schmächtigem Stiele hangen die Früchte,
Tragen am schlanken, länglichen Halse gewaltige Körper;
Riesenhaft dehnt sich die Fülle sodann zum gewichtigen Leibe,

Totum venter habet, totum alvus, et intus aluntur
Multa cavernoso seiunctim carcere grana,
Quae tibi consimilem possunt promittere messem.
Ipsos quin etiam tenero sub tempore fructus,
Ante humor quam clausa latens per viscera sero
Autumni adventu rarescat, et arida circum
Restiterit cutis, inter opes transire ciborum
Saepe videmus, et ardenti sartagine pinguem
Combibere arvinam, et placidum secmenta saporem
Ebria multotiens mensis praestare secundis.
Si vero aestivi sinitur spiramina solis
Cum genitrice pati et matura falce recidi,
Idem foetus in assiduos formarier usus
Vasorum poterit, vasto dum viscera ventre
Egerimus, facili radentes ilia torno.
Nonnunquam hac ingens sextarius abditur alvo,
Clauditur aut potior mensurae portio plenae,
Amphora quae, piceo linitur dum gluttine, servat
Incorrupta diu generosi dona Liei.

8. PEPONES

Hoc simul in spatio, campi quo figitur imis
Haec tam laeta seges, vili quam carmine pinxi,
Visitur alterius vitis genus acre per aequor
Serpere pulvereum et fructus nutrire rotundos.
Pomorum haec species terrae super arida vulgo
Terga iacens crementa capit pulcherrima, donec
Solibus aestivis flavos intincta colores
Messoris calathos matura fruge replerit.
Tum videas aliis teretem satis esse figuram,
Undique porro aliis oblongo scemate ventrem
Demissum, nucis aut ovi versatilis instar,
Vel qualis manibus quondam suspensa supinis
Lucet agens circum lomenti bulla salivam
Ante recens maceretur aquis quam spuma refusis,
Dum lentescit adhuc digitis luctantibus, et se
Alternis vicibus studioque fricantibus uno,
Inter utramque manum parvo fit parvus hiatu
Exitus, huc stricto lenis meat ore Nothi vis,

Alles ist Bauch, und alles ist Wanst. Und im Kerker der Höhlung
Nähren, geordnet in Reih und Glied, sie zahlreiche Kerne;
Fruchtbar verheißen sie dir entsprechend üppige Ernte.
Ja, solange die Frucht des Kürbis noch saftig und zart ist,
Ehe die Flüssigkeit, die sie im Inneren birgt, beim späten
Nahen des Herbstes vertrocknet und rings die Schale verholzet,
Sehen wir sie nicht selten mit anderen köstlichen Speisen
Umgehn am Tische; getränket im Fett der dampfenden Pfanne,
Mögen fürwahr die wohlzubereiteten Stücke gar manchmal
Trefflich den Nachtisch versehen als süße Delikatesse.
Läßt man jedoch die Frucht am Mutterstock ihrer Pflanze
Dulden des Sommers Glut, und schneidet sie reif mit dem Messer,
Kann als Gefäß sie gestaltet werden zu stetem Gebrauche,
Schafft man die Eingeweide heraus aus dem bauchigen Körper,
Schneidend leicht mit dem Eisen, im Drehen das Innere glättend.
Eines Schoppens Menge hat manchmal Platz in der Höhlung,
Oder sie faßt gar in sich den größeren Teil eines Maßes.
Dieser Krug, verpichst du ihn wohl mit Pechleim, bewahret
Lange dir frisch die Gaben des spendenden Bacchus Lyaeus.

8. MELONE

Gleichfalls am selbigen Platz, wo den untersten Beeten sich anschließt
Jene üppige Saat, die in schlichtem Lied ich besungen,
Sieht man ein kräftiges Rankengewächs von anderer Gattung
Kriechen auf staubigem Grund und runde Früchte erzeugen.
Diese Sorte von Früchten, sie lagert sich meist auf des Bodens
Trockenem Rücken und schwillt in erstaunlich mächtigem Wachstum,
Bis sie dann, gelblich gefärbt von den Sonnenstrahlen des Sommers,
Füllet mit reifem Ertrag die Körbe des erntenden Gärtners.
Dann kann man sehn, daß die einen von ziemlich schlanker Gestalt sind,
Andre dagegen, mit wohlentwickeltem Bauch, sind ovaler
Form, dem beweglichen Rund einer Nuß, eines Eis zu vergleichen,
Ähnlich wohl auch einer Kugel, die hängt an gebogenen Händen,
Glänzend sich dreht als Blase um schäumende Seife beim Waschen,
Ehe der Schaum noch zergeht, zurückgeflossen zu Wasser;
Während er steif noch steht an den festverschlungnen, in *einem*
Eifer sich gegenseitig und wechselnd reibenden Fingern,
Öffnet sich zwischen den Händen nur eng ein Durchpaß und Ausgang;
Bläst man hinein aus zusammengezogenem Munde den Atem,

Distenditque cavum vitrea sub imagine pondus,
Et centrum medio confingit labile fundo,
Undique conveniat cameri quo inflexio tecti.
Ergo calyps huius penetrat dum viscera pomi,
Elicit humoris largos cum semine rivos
Multiplici: tum deinde cavum per plurima tergus
Frusta manu spargens hortorum laetus opimas
Delicias conviva capit, candorque saporque
Oblectant fauces, nec duros illa molares
Esca stupere facit, facili sed mansa voratu
Vi naturali frigus per viscera nutrit.

9. ABSINTHIUM

Proximus absinthi frutices locus erigit acris,
Herbarum matrem simulantes vimine lento.
In foliis color est alius, ramisque odor alter
Puberibus, longeque saporis amarior haustus.
Ferventem domuisse sitim, depellere febres
Hoc solet auxilium clara virtute probatum.
Si tibi praeterea caput acri forte dolore
Pulsetur subito, vel si vertigo fatiget,
Huius opem rimare, coquens frondentis amaram
Absinthi silvam, tum iura lebete capaci
Effunde, et capitis perfunde cacumina summi.
Quo postquam ablueris graciles humore capillos,
Devinctas frondes super imposuisse memento.
Tum mollis fotos constringat fascia crines,
Et post non multas elapsi temporis horas
Hoc inter reliquas eius mirabere vires.

10. MARRUBIUM

Quid referam iuxta positi nimiumque potentis
Marrubii non vile genus, licet acrius ora
Mordeat et longe gustum disiungat odore.
Dulce enim olet, non dulce sapit, sed pectoris aegros
Comprimit angores, tristi dum sumitur haustu,
Praecipue talis caleat si potus ab igni

Dehnt sich die luftige Masse, wie wenn aus Glas sie bestünde,
Formt eine Kugel, schwebend genau an der Stelle des Grundes,
Wo sich die Wölbung der Hände von allen Seiten vereinigt.
Wenn nun tief in den Leib dieser Frucht eindringet das Messer,
Lockt es reichliche Bächlein hervor, und es schwimmen im Safte
Massenhaft Samen. Zerteilt man das hohle Gehäuse von Hand in
Zahlreiche Stückchen, so freut sich der Gastfreund bei Tische des guten
Leckerbissens der Gärten. Denn Weiße des Fleischs und Aroma
Schmecken dem Gaumen, und nicht wird solcherlei Speise die harten
Backenzähne erschrecken: gekaut schon im eiligen Schluck, hält
Kühl mit natürlicher Kraft sie die Eingeweide des Leibes.

9. WERMUT

Dicht daneben der Platz trägt die Stauden des bitteren Wermuts,
Der mit zähem Gezweig der Mutter der Kräuter verwandt ist.
Anders jedoch ist die Farbe des Laubs, der entwickelten Zweige
Duft ist ein anderer, und bittrer bei weitem schmeckt er zu trinken.
Brennenden Durst zu bezwingen und Fieberglut zu vertreiben,
Diese Wirkung durch rühmliche Kraft kennt man lang aus Erfahrung.
Auch wenn plötzlich vielleicht der Kopf dir hämmert in scharfem
Stechendem Schmerz oder quälender Schwindel erschöpfend dich heimsucht,
Wende an ihn dich um Hilfe und koche des laubigen Wermuts
Bitteres Grün; dann gieße den Saft aus geräumigem Becken
Und überspüle damit den höchsten Scheitel des Hauptes.
Hast du mit dieser Brühe die feinen Haare gewaschen,
Lege dir auf, daran denke, zusammengebundene Blätter,
Und eine mollige Binde umschlinge das Haar nach dem Bade.
Ehe noch zahlreiche Stunden im Laufe der Zeiten verrinnen,
Wirst du dies Mittel bewundern nebst all seinen anderen Kräften.

10. ANDORN

Soll ich den Andorn daneben erwähnen, das schätzbare, kräftig
Wirkende Kraut, mag schärfer er zwar auch brennen im Munde
Und im Geschmack sich weit unterscheiden von seinem Geruche?
Duftet er süß, so schmeckt er nicht süß. Doch vermag er zu lindern
Arge Beklemmung der Brust, geschluckt als bitteres Tränklein,
Ganz besonders dann, wenn er heiß vom Feuer geschlürft wird

Et coenam cyatis cogatur claudere crebris,
Si quando infensae quaesita venena novercae
Potibus inmiscent dapibusve aconita dolosis
Tristia confundunt, extemplo sumpta salubris
Potio marrubii suspecta pericula pressat.

11. FOENICULUM

Nec maratri taceatur honor, quod stipite forti
Tollitur, et late ramorum brachia tendit,
Dulce satis gustu dulcem satis addit odorem.
Hoc oculis, quos umbra premit, prodesse locuntur,
Huius item semen foetae cum lacte capellae
Absumptum ventris fertur mollire tumorem,
Cunctantisque moras dissolvere protinus alvi.
Praeterea radix maratri commixta liquori
Lenaeo tussim percepta repellit anhelam.

12. GLADIOLA

Te neque transierim Latiae cui libera linguae
Nomine de gladii nomen facundia finxit.
Tu mihi purpurei progignis floris honorem,
Prima aestate gerens violae iucunda nigellae
Munera, vel qualis mensa sub Apollinis alta
Investis pueri pro morte recens yacincthus
Exiit et floris signavit vertice nomen.
Radicis ramenta tuae siccata fluenti
Diluimus contusa mero saevumque dolorem
Vesicae premimus tali non secius arte.
Pignore fullo tuo lini candentia texta
Efficit, ut rigeant dulcesque imitentur odores.

13. LYBISTICUM

Inter odoratam memorare lybistica silvam
Fortia, suadet amor parvi diffusior horti.
Hoc germen suco quamvis et odore gemellis

Und man sich zwingt, nach dem Mahl davon becherweise zu trinken.
Sollten dir Stiefmütter je feindselig bereitete Gifte
Mischen in das Getränk oder trügenden Speisen verderblich
Eisenhut mengen, so scheucht ein Trank heilkräftigen Andorns,
Unverzüglich genommen, die drohenden Lebensgefahren.

11. FENCHEL

Auch die Ehre des Fenchels sei hier nicht verschwiegen; er hebt sich
Kräftig im Sproß, und er strecket zur Seite die Arme der Zweige,
Ziemlich süß von Geschmack und süßen Geruches desgleichen.
Nützen soll er den Augen, wenn Schatten sie trübend befallen,
Und sein Same, mit Milch einer Mutterziege getrunken,
Lockre, so sagt man, die Blähung des Magens und fördere lösend
Alsbald den zaudernden Gang der lange verstopften Verdauung.
Ferner vertreibt die Wurzel des Fenchels, vermischt mit dem Weine,
Trank des Lenaeus, und so genossen, den keuchenden Husten.

12. SCHWERTLILIE

Dich will ich nicht übergehn, Schwertlilie, deren Benennung
Nach dem Namen des Schwerts freischaffende Sprache gebildet.
Du bescherst mir den Schmuck deiner purpurfarbenen Blüte
Früh im Sommer an Stelle des dunkellieblichen Veilchens.
Oder du gleichst Hyazinth, der am Altar Apollos als Blume
Wiedererstand, aus dem Tod des zarten Jünglings geboren
Und an der Blüte Stirn seines Namens Zeichen verewigt.
Deiner Wurzel getrocknete Stückchen lösen zerrieben
Wir in flüssigem Wein, und der Blase grausame Schmerzen
Dämpfen nicht minder wir trefflich mit diesem künstlichen Heiltrank.
Du gibst dem Walker das Mittel, mit dem er das Leinengewebe
Glänzend und steif appretiert und ihm Duft wie von Blumen verleihet.

13. LIEBSTÖCKEL

Liebstöckel, kräftiges Kraut, dich zu nennen im duftenden Dickicht
Heißt mich die Liebe, mit der ich im Gärtchen alles umfasse.
Zwar durch Saft und Geruch, so glaubt man, soll diese Pflanze

Orbibus officere et tenebras inferre putetur,
Semina saepe tamen quaesitis addere curis
Parva solet, famamque aliena laude mereri.

14. CERFOLIUM

Quae tot bellorum, tot famosissima rerum
Magnarum monimenta sacro pia conficis ore,
Exiles, Erato, non dedignare meorum
Divitias holerum versu perstringere mecum.
Infirmis divisa licet Macedonia ramis
Spargitur, et crebris ignobile semen aristis
Sufficit, illa tamen toto reparabilis anno
Pauperiem largo solatur munere plebis
Indiguae, nec non restringere sanguinis undas
Corpore diffusas facili solet obvia gustu.
Illa quoque infesto venter dum forte dolore
Turbatur, fomenta super non irrita ducit,
Puleium sibimet frondesque papaveris addens.

15. LILIUM

Lilia quo versu candentia, carmine quove
Ieiunae macies satis efferat arida Musae?
Quorum candor habet nivei simulacra nitoris,
Dulcis odor silvas imitatur flore Sabeas.
Non Parius candore lapis, non nardus odore
Lilia nostra premit, necnon si perfidus anguis
Ingenitis collecta dolis serit ore venena
Pestifero, caecum per vulnus ad intima mortem
Corda feram mittens, pistillo lilia praestat
Commacerare gravi sucosque haurire Falerno.
Si quod contusum est summo liventis in ore
Ponatur puncti, tum iam dinoscere vires
Magnificas huiusce datur medicaminis ultro.
Haec etiam laxis prodest contusio membris.

Schaden den Zwillingssternen der Augen und Blindheit bewirken.
Aber die kleinen Samen pflegen doch manchmal als Beisatz
Andrer Arznei durch fremdes Verdienst sich Lob zu erwerben.

14. GARTENKERBEL

Die du mit heiligem Mund das hochberühmte Gedächtnis
So vieler Kriege besingst und so viel bedeutender Taten,
Fromme Erato, verschmähe es nicht, den bescheidenen Reichtum
Meiner Gewächse im Garten mit mir im Gedicht zu durchgehen.
Spreitet der Kerbel, dies Kraut Mazedoniens, schwächliche Zweige,
Mag er in zahlreichen Dolden geringen Samen nur liefern, –
Mildert er doch, jahraus, jahrein stets frisch zu bekommen,
Armut bedürftiger Leute mit seinen reichlichen Gaben,
Und es fehlt ihm, als leichtes Mittel zur Hand, auch die Kraft nicht,
Bächlein des Blutes, rieselnd über den Körper, zu stillen.
Auch falls einmal der Leib von lästigen Schmerzen gequält wird,
Legt er ihm Umschläge auf, nicht ohne treffliche Wirkung,
Wenn er Minze sich selbst und Blätter des Mohnes hinzufügt.

15. LILIE

Leuchtende Lilien, wie soll im Vers, und wie soll im Liede
Würdig euch preisen die dürftige Kunst meiner nüchternen Muse?
Euer schimmerndes Weiß ist Widerschein schneeigen Glanzes,
Holder Geruch der Blüte gemahnt an die Wälder von Saba.
Nicht übertrifft an Weiße der parische Marmor die Lilien,
Nicht an Düften die Narde. Und wenn die tückische Schlange
Listiger Art gesammeltes Gift aus verderblichem Munde
Spritzt und grausamen Tod durch kaum erkennbare Wunde
Sendet ins innerste Herz, dann zerreibe Lilien im Mörser,
Trinke den Saft, dies erweist sich als nützlich, mit schwerem Falerner.
Oder bei Quetschungen lege man sie auf die bläuliche Stelle,
Alsbald wird man auch hier zu erkennen vermögen die Kräfte,
Die diesem heilenden Stoffe gegeben sind, Wunder bewirkend.
Schließlich ist Liliensaft auch gut bei Verrenkung der Glieder.

16. PAPAVER

Et Cereale quidem nugarum in parte papaver
Hac memorare placet, quod raptu mesta puellae
Mater, ut immensis optata oblivia mentem
Exuerent curis, fertur Latona vorasse.
Hoc simul auxilio carbunculus ater ab imo
Pectore, qui ructus nimium convolvit amaros
Oris adusque fores, reprimi persaepe videtur.
Huius ad alta caput granorum semine fetum
Protento fragilique solet se tollere collo,
Inque modum mali, regio cui Punica nomen
Indidit, unius patulo sub pellis amictu
Grana celebrandae virtutis plurima claudit,
Deque sono mandentis habet formabile nomen.

17. SCLAREGA

Hic umbrosa novos inter sclarega virores
Stipite praevalido assurgens, ramosque comasque
Altius extollit: quae quamvis rarius ulli
Quaesita auxilio medicorum paene putetur
Effugisse manus, dulci tamen indita caldae
Et vires et odorati fermenta saporis
Praestat, eam iuxta hortensis non extima costi
Silva latet stomachique moras ventremque salubri
Provocat auxilio radicis munere coctae.

18. MENTA

Nec mihi defuerit vulgaris copia mentae
Multa per et genera et species diversa coloresque
Et vires; huius quoddam genus utile vocem
Raucisonam claro rursus redhibere canori
Posse putant, eius sucos si fauce vorarit
Ieiuna, quem crebra premens raucedo fatigat.
Est aliud praepingue genus huiusce frutecti,
Quod iam non parvi diffundat germinis umbras,
Celsa ebuli sed more petens a stipite forti

16. MOHN

Hier gefällt es mir wohl, im Kranz meiner leichten Gedichtchen
Nun des Feldmohns Erwähnung zu tun, den die Mutter Latona
Trauernd wegen des Raubs ihrer Tochter genossen, so sagt man,
Daß ersehntes Vergessen die Brust ihr vom Kummer befreie.
Zugleich vermag, wie man sieht, ein schlimmes Geschwür, das unleidlich
Bitter vom Grunde der Brust bis hinauf zur Pforte des Mundes
Aufstößt, mit Hilfe des Mohns sehr häufig Heilung zu finden.
Trächtig von körnigen Samen vermag sich sein Haupt an dem schwachen,
Vorgeneigt hangenden Halse hinauf zur Höhe zu strecken,
Und nach Art der Granate, des Apfels aus punischem Lande,
Unter dem faltigen Mantel der einzigen Schale verbirgt er
Körner in großer Fülle von hochzupreisender Wirkung,
Und vom Geräusch des Kauens empfing er den sprechenden Namen.

17. MUSKATELLERSALBEI (UND FRAUENMINZE)

Hier unter jungem Grünzeug erhebt sich mit kräftigem Stengel
Schattend Sclarega, nach oben entfaltet sie Zweige und Blätter.
Da sie nur selten zur Hilfe in Krankheit irgend verlangt wird,
Möchte man glauben, sie sei wohl den Händen der Ärzte entgangen.
Gleichwohl vermag sie zu spenden, in süß-warmes Wasser gegeben,
Heilende Kräfte sowohl wie Tränke von duftender Würze.
Dicht bei ihr verbirgt sich ein Wäldchen, und nicht als das letzte,
Frauenminze. Kocht man die Wurzel, mit heilsamer Hilfe
Fördert sie träge Verdauung und regelt glücklich den Stuhlgang.

18. MINZE

Nimmer fehle mir auch ein Vorrat gewöhnlicher Minze,
So verschieden nach Sorten und Arten, nach Farben und Kräften.
Eine nützliche Art soll die rauhe Stimme, so sagt man,
Wieder zu klarem Klang zurückzuführen vermögen,
Wenn ein Kranker, den häufige Heiserkeit quälend belästigt,
Trinkend einnimmt als Tee ihren Saft mit nüchternem Magen.
Noch eine Art dieser Pflanze, von mastigem Wuchs, ist vorhanden,
Die nicht mehr bloß eines kleinen Gewächses Schatten verbreitet,
Sondern nach Art des Attichs mit starkem Stengel emporstrebt,

Undique maiores foliorum prorogat alas,
Quis odor alter inest pauloque immitior haustus.
Sed si quis vires speciesque et nomina mentae
Ad plenum memorare potest, sciat ille necesse est,
Aut quot Eritreo volitent in gurgite pisces,
Lemnius aut altum quot in aera Mulcifer ire
Scintillas vastis videat fornacibus Aetnae.

19. PULEIUM

Non patitur cunctas angustia carminis huius
Pulei virtutes celeri comprendere versu.
Hoc apud Indorum tanti constare peritos
Fertur, apud Gallos quanti valet Indica nigri
Congeries piperis. Quis iam dubitare sinetur
Hac herba plures leniri posse labores,
Quam pretiis inhianter emit ditissima tantis
Gens, hebenoque auroque fluens et mira volenti
Quaeque ferens mundo. O magni laudanda tonantis
Virtus et ratio, nullis quae munera terris
Larga suae non pandit opis, quae rara sub isto
Axe videre soles, aliis in partibus horum
Copia tanta iacet, quantam vilissima tecum
Efficiunt: rursus quaedam quae spreta videntur
Forte tibi, magno mercantur ditia regna,
Altera ut alterius potiatur foenore tellus,
Orbis et in toto per partes una domus sit.
Puleium quoque decoctum curabit, amice,
Et potu et fotu stomachum (mihi crede) morantem.
Dum canimus quae certa gravi ratione tenemus,
Quaedam audita etiam vero miscere coturno
Fas ususque sinit: ramum coniungito pulei
Auriculae, ne forte caput turbaverit aestus
Solis in aerio si te perflarit aperto.
Quod nisi me currens deponere vela Thalia
Cogeret ac tandem portus intrare moneret,
Hinc tibi multiplices poteram decerpere flores.

Spreitet nach allen Seiten die großen Flügel der Blätter.
Anders ist ihr Geruch und ihr Saft etwas herber zu trinken.
Wenn aber einer die Kräfte und Arten und Namen der Minze
Samt und sonders zu nennen vermöchte, so müßte er gleich auch
Wissen, wieviele Fische im Roten Meere wohl schwimmen,
Oder wieviele Funken Vulcanus, der Schmelzgott von Lemnos,
Schickt in die Lüfte empor aus den riesigen Essen des Aetna.

19. POLEIMINZE

Nicht erlaubt des Gedichtes Kürze, die Tugenden alle
Dieser Minze Polei in eilendem Vers zu erfassen.
Soviel soll bei den kundigen Männern der Inder sie gelten,
Wie bei den Galliern wert ist ein ganzer Vorrat des schwarzen
Indischen Pfeffers. Vermöchte da einer noch länger zu zweifeln,
Daß gar manche Beschwerden gelindert werden durch dieses
Kraut, wenn zu höchstem Preis es begierig erwirbt jenes reichste
Volk, das in Ebenholz schwelgt und in Gold, und welches dem Erdkreis
Köstliches liefert, was er nur will. O wie hoch sind zu preisen
Güte und Weisheit des mächtigen Donn'rers, die keinem der Länder
Herrliche Gaben des Reichtums versagen; denn was unter diesem
Himmel du selten nur siehst, – in anderer Gegend ist dessen
Solche Fülle vorhanden, wie hier von gewöhnlichsten Dingen.
Andererseits, was dir wertlos erscheint und verächtlich, das kaufen
Mächtige Reiche vielleicht bei dir zu beträchtlichen Preisen,
So daß Anteil gewinne *ein* Land am Ertrage des andern
Und durch die Länder der Erde ein einziger Haushalt bestehe.
Glaube mir, Freund, die Minze Polei, gekocht, wird dir heilen,
Sei es als Trank oder Umschlag, den stockenden Gang der Verdauung.
Künden wir hier, was mit ernster Methode wir sicher erkannten,
Mögen nach Recht und Brauch wir einiges, was wir nur hörten,
Fügen in unser Gedicht: Puleiumzweig mit Aurikel
Winde zum Kranze, daß Sonnenhitze nicht Kopfweh bewirke,
Wenn sie in freier Luft zur Sommerszeit dich durchströmet.
Wenn nicht, enteilend, Thalia mich zwänge, die Segel zu streichen,
Und mich die Muse nicht mahnte, doch endlich den Hafen zu suchen,
Könnte ich, weitererzählend, dir mancherlei Blumen noch pflücken.

20. APIUM

Quamvis in nostris apium vilesceret hortis,
Et solo id multi prodesse sapore putarint,
Plura tamen propriis medicamina viribus acri
Exhibet auxilio, cuius si trita capessas
Semina, torquentes urinae frangere tricas
Dicitur, ipsum etiam tenero cum germine mansum
Concoquit errantes stomachi penetralibus escas.
Corporis hunc regem turbans si nausia vexet,
Mox apium lympha tristique bibatur aceto,
Passio tum celeri cedet devicta medellae.

21. VETTONICA

Montibus et silvis, pratis et vallibus imis
Vettonicae pretiosa licet collectio cunctis
Paene locis superet passim, tamen hanc quoque noster
Hortus habet cultaque docet mansuescere terra.
Haec tantum meruit generali nomine laudis,
Ut si quid mea Musa velit superaddere, tandem
Mole operis devicta sui, iam sentiat, illa
Utilitate minus quicquid deprompserit esse.
Hanc viridem si forte tuos coneris in usus
Carpere, siccatamve hiemi deponere pigrae,
Turbida sive tuas oblectant pocula fauces,
Seu potius longo tibi defaecata labore
Dona placent, huius virtus mirabilis herbae
Omnia sufficiet, quam quosdam pendere tanti
Novimus, ut contra totam quae iniuria corpus
Impetit interius, muniri viribus eius
Sese posse rati, soleant haurire diebus
Continuis hoc acre genus medicaminis almi.
Praeterea caput infesto si vulnere fractum
Tabuerit, tum crebra terens imponito sacrae
Tegmina vettonicae, statim mirabere vires
Illius, in solidum fuerit dum clausa cicatrix.

20. SELLERIE

Zwar ist in unseren Gärten die Sellerie billig geworden,
Und es meinten wohl viele, sie tauge höchstens zur Speise.
Dennoch bietet aus eigener Kraft sie zahlreiche Mittel
Wirksamer Hilfe. Denn wenn ihre Samen zerrieben du einnimmst,
Soll, wie man sagt, dies die quälenden Leiden der Blase beheben.
Ißt man jedoch sie selbst mit dem zarten Trieb, so verdaut sie
Reste von Speisen, die noch im Innern des Magens rumoren.
Wenn den Tyrannen des Körpers würgender Brechreiz belästigt,
Trinke man Sellerie gleich mit herbem Essig und Wasser,
Dann wird, vom sicheren Mittel besiegt, die Übelkeit weichen.

21. BETONIE

Mag auch in Bergen und Wäldern, in Wiesen und Talgründen ringsum,
Aller Orten beinah, der Betonie köstliche Fülle
Häufig wildwachsend stehn, so besitzt doch auch sie unser Garten,
Und im bebauten Lande gewöhnt er sie, sittsam zu werden.
Soviel Lob hat sie schon aus aller Munde geerntet,
Daß meine Muse, wenn sie noch weiteres beifügen wollte,
Alsbald, in eitlem Bemühen versagend, erkennte, es bleibe,
Was sie auch vorbringen könnte, doch alles ganz ohne Nutzen.
Wenn du es wohl unternimmst, sie zu pflücken und grün zu verwenden,
Oder getrocknet dem schleichenden Winter sie aufzubewahren,
Ob nun die Becher schäumenden Mosts deine Kehle erfreuen,
Oder dir eher geduldig geklärte Gaben gefallen, –
Allem wird die erstaunliche Kraft dieses Krautes entsprechen.
So außerordentlich hoch, wir wissen es, schätzen sie manche,
Daß sie glauben, durch ihre Heilkraft sich schützen zu können
Gegen jegliche Not, die den Körper innerlich angreift.
Ununterbrochen pflegen deshalb sie täglich zu trinken
Diese kräftige Sorte des heilsamen Medikamentes.
Außerdem, wenn dein Kopf von feindlicher Wunde getroffen
Leidet und krankt, dann lege die heilige Pflanze, zerrieben,
Fleißig als Umschlag dir auf, und alsogleich wirst du bewundern
Ihre heilende Macht, denn fest wird die Wunde sich schließen.

22. AGRIMONIA

Hic quoque sarcocolam, campos quae plurima passim
Vestit et effetis silvarum inventa sub umbris
Nascitur, ordinibus facile est discernere pulchris.
Haec praeter varium latae virtutis honorem
Trita domat ventris praedirum et pota dolorem.
Si quae forte calybs infensus vulnera membris
Indiderit nostris, huius temptare iubemur
Auxilium, partique imponere tunsa patenti
Germina, maturum nacturi hac arte vigorem,
Si tamen addatur mordens cataplasmati acetum.

23. AMBROSIA

Haud procul ambrosiam vulgo quam dicere mos est
Erigitur, laudata quidem, sed an ista sit illa,
Cuius in antiquis celeberrima mentio libris
Fit, dubium est multis. Medici tamen arte suapte
Hanc utcumque colunt, tantum quae sanguinis hausta
Absumit, quantum potus ingesserit almi.

24. NEPETA

Herbarum in numero, quas hortulus ille recenti
Semper prole creat, nepetae non segnior exit
Surculus, urticam foliis simulantibus, alto
Vertice praegratum late largitus odorem.
Haec variis olim morborum accommoda curis,
Non extrema alias inter decernitur herbas.
Huius enim sucus, roseo commixtus olivo,
Efficit unguentum, laesae quod vulnera carnis
Atque cicatricum deformia signa novarum
Posse abolere aiunt, prisco et reparare nitori,
Et revocare pilos, plagae quos forte recentis
Pestis hiulca tulit, sanie taboque peresos.

Absender:

Vor- und Zuname bzw. Firma

Straße oder Postfach

Postleitzahl Ort

Bitte frankieren

Jan Thorbecke Verlag
Postfach 546

D-7480 Sigmaringen

22. ODERMENNIG

Leicht erkennt man hier auch, in Reihen zierlich geordnet,
Odermennig, der zahlreich die Fluren ringsum bekleidet
Und in dem kargen Schatten der Wälder gedeiht und sich findet.
Mannigfach ehrt ihn der Ruf seiner heilsamen Kräfte, besonders
Zähmt er, zerrieben getrunken, die scheußlichen Schmerzen des Magens.
Hat ein feindliches Messer uns einmal am Körper verwundet,
Rät man uns wohl, zu seiner Hilfe Zuflucht zu nehmen,
Aufzulegen der offenen Stelle zerstoßene Sprosse,
Um durch dieses Verfahren Gesundheit wieder zu finden,
Wenn der Umschlag dazu noch mit beißendem Essig getränkt wird.

23. AMBROSIA

Nahe daneben gedeiht Ambrosia, wie sie gewöhnlich
Heißt. Man lobt sie zwar sehr; aber manche bezweifeln doch, ob es
Jene Ambrosia sei, die die Bücher der Alten so häufig
Nennen. Sicher verwenden in ihrem Berufe die Ärzte
Sie als Arznei: sie entzieht, als Mittel getrunken, dem Körper
So viel Blut, wie sie Säfte ihm heilsam wiederum zuführt.

24. KATZENMINZE

Katzenminze, die wüchsige Staude, gehört zu den Kräutern,
Die unser Gärtchen in stets erneuertem Nachwuchs hervorbringt.
Mit den Blättern gleicht sie der Nessel, und hoch an der Spitze
Spendet weithin die Blüte die angenehmsten Gerüche.
Sie, die längst der Behandlung verschiedener Krankheiten diente,
Wird in der Reihe der Pflanzen gewiß nicht als letzte gewertet.
Denn mit dem Öl der Rose vermischt, gibt ihr Saft eine Salbe,
Die, wie man sagt, vermöge die Schrammen verwundeten Fleisches
Und die entstellenden Spuren der eben verheilenden Narben
Gänzlich zu tilgen, der Haut ihre frühere Schönheit zu geben
Und zu erneuern die Haare, die manchmal ein schwärendes Übel
Frischer Verwundung durch Gift und Eiter gänzlich zerstört hat.

25. RAFANUM

Hic rafanum radice potens latoque comarum
Tegmine sublatum extremus facit ordo videri.
Cuius amara satis quatientem viscera tussim
Mansa premit radix, triti quoque seminis haustus
Eiusdem vitio pestis persaepe medetur.

26. ROSA

Iam nisi me fessum via longior indupediret,
Scrupeus atque novi terreret carminis ordo,
Debueram viburna rosae pretiosa metallo
Pactoli et niveis Arabum circumdare gemmis.
Haec quia non Tyrio Germania tinguitur ostro,
Lata nec ardenti se Gallia murice iactat,
Lutea purpurei reparat crementa quotannis
Ubertim floris, tantum qui protinus omnes
Herbarum vicisse comas virtute et odore
Dicitur, ut merito florum flos esse feratur.
Inficit hic oleum proprio de nomine dictum,
Quod quam saepe fiat mortalibus utile curis,
Nec meminisse potest hominum nec dicere quisquam.
Huic famosa suos opponunt lilia flores,
Longius horum etiam spirans odor imbuit auras,
Sed si quis nivei candentia germina fructus
Triverit, aspersi mirabitur ilicet omnem
Nectaris ille fidem celeri periisse meatu,
Hoc quia virginitas fama subnixa beata
Flore nitet, quam si nullus labor exagitarit
Sordis et illiciti non fregerit ardor amoris,
Flagrat odore suo. Porro si gloria pessum
Integritatis eat, foetor mutabit odorem.
Haec duo namque probabilium genera inclyta florum
Ecclesiae summas signant per saecula palmas,
Sanguine martyrii carpit quae dona rosarum,
Liliaque in fidei gestat candore nitentis.
O mater virgo, fecundo germine mater,
Virgo fide intacta, sponsi de nomine sponsa,
Sponsa, columba, domus regina, fidelis amica,

25. RETTICH

Hier der Rettich mit mächtiger Wurzel und von seiner Blätter
Breitem Dach überhöht, ist im letzten der Beete zu sehen.
Ziemlich scharf ist die Wurzel, gegessen besänftigt sie aber
Husten, der dich erschüttert, und Trank aus zerriebenen Samen
Heilet gar oft das Leiden derselben verderblichen Krankheit.

26. ROSE

Wäre ich nicht zu müde, den Weg noch weiter zu wandern,
Schreckte mich nicht der beschwerliche Bau eines neuen Gedichtes,
Müßte die köstlichen Sträucher der Rose ich mit des Pactolus
Gold und der Araber schimmerndem Edelgestein nun umkleiden.
Weil Germanien tyrischen Purpurs entbehrt und das weite
Gallien nicht der leuchtenden Purpurschnecke sich rühmet,
Schenkt zum Ersatz die Rose alljährlich üppig goldgelben
Flor ihrer purpurnen Blüte, die allen Schmuck der Gewächse
Alsbald an Kraft und Duft, wie man sagt, so weit überstrahlte,
Daß man mit Recht als die Blume der Blumen sie hält und erkläret.
Sie erzeugt ein Öl, das nach ihrem Namen genannt wird,
Wie oft dieses zum Segen der Sterblichen nützlich sich zeigt, –
Keiner der Menschen vermag es zu wissen oder zu sagen.
Ihr zur Seite, bekannt und geehrt, stehn der Lilie Blüten,
Deren wehender Duft noch weiter die Lüfte durchtränket.
Wenn aber einer zerquetscht das glänzende Fleisch ihrer weißen
Frucht, so wird er verwundert bemerken, daß wie verflogen
Alsbald entschwindet jeder Gedanke an lieblichen Nektar.
Reinheit der Jungfrau, selig gepriesen, strahlt aus der Blume;
Dann nur leuchtet sie duftend, wenn Not der Sünde ihr fernbleibt,
Wenn unheiliger Liebe Begier ihre Blüte nicht knicket.
Gehet jedoch ihrer Unberührtheit Kleinod verloren,
Werden in üblen Gestank sich die holden Düfte verwandeln.
Denn diese beiden Blumen, berühmt und gepriesen, sind Sinnbild
Seit Jahrhunderten schon der höchsten Ehren der Kirche,
Die im Blut des Martyriums pflückt die Geschenke der Rose
Und die Lilien trägt im Glanze des strahlenden Glaubens.
Jungfrau Maria, Mutter, die du den Sohn hast geboren,
Jungfrau, im Glauben ohn' Makel, du Braut nach des Bräutigams Namen,
Braut und Taube, des Hauses Herrin, verläßliche Freundin,

Bello carpe rosas, laeta arripe lilia pace.
Flos tibi sceptrigero venit generamine Iesse,
Unicus antiquae reparator stirpis et auctor,
Lilia qui verbis vitaque dicavit amoena,
Morte rosas tinguens, pacemque et proelia membris
Liquit in orbe suis, virtutem amplexus utramque,
Premiaque ambobus servans aeterna triumphis.

27. COMMENDATIO OPUSCULI DE CULTURA HORTORUM

Haec tibi servitii munuscula vilia parvi
Strabo tuus, Grimalde pater doctissime, servus
Pectore devoto nullius ponderis offert,
Ut cum consepto vilis consederis horti
Subter opacatas frondenti vertice malos,
Persicus imparibus crines ubi dividit umbris,
Dum tibi cana legunt tenera lanugine poma
Ludentes pueri, scola laetabunda tuorum,
Atque volis ingentia mala capacibus indunt,
Grandia conantes includere corpora palmis:
Quo moneare habeas nostri, pater alme, laboris,
Dum relegis quae dedo volens, interque legendum
Ut vitiosa seces, deposco, placentia firmes.
Te deus aeterna faciat virtute virentem
Inmarcescibilis palmam comprendere vitae:
Hoc pater, hoc natus, hoc spiritus annuat almus.

Pflücke Rosen im Streite und brich frohe Lilien im Frieden.
Aus dem Königsstamm Jesse ist dir die Blüte entsprossen,
Retter und Bürge allein des erneuerten alten Geschlechtes.
Er hat die lieblichen Lilien geweiht durch sein Wort und sein Leben,
Färbend im Tode die Rosen, hat Frieden und Kampf seinen Jüngern
Auf dieser Erde gelassen, die Tugenden beider verbindend,
Beiden Siegen verheißend die Krone des ewigen Lohnes.

27. ZUEIGNUNG DES WERKLEINS ÜBER DEN GARTENBAU

Dir, gelehrtester Vater Grimaldus, widmet dein Schüler
Strabo ergebenen Sinns den Tribut dieser kleinen Geschenke,
Ohne Gewicht und Anspruch und nur von bescheidenem Nutzen.
Wenn du einmal verweilst im Geheg deines einfachen Gärtleins,
Unter dem laubreichen Wipfel der schattigen Obstbäume sitzend,
Wo der Pfirsich mit ungleichen Schatten die Strahlen zerstreuet,
Während die spielenden Knaben, die fröhliche Schule des Klosters,
Dir die weißlichen Früchte mit zarter, flaumiger Schale
Sammeln – sie legen sie dir in den breiten Teller der Hände,
Mit ihren Fingern versuchend, die Kugeln ganz zu umspannen –,
Dann, mein gütiger Vater, gedenke unserer Arbeit,
Während du liesest, was ich dir freudig verehre, und tilge
Bitte beim Lesen die Fehler, und was dir gefällt, anerkenne.
Lasse dich Gott, in ewiger Tugend kräftig bestehend,
Selig gewinnen die Palme des unvergänglichen Lebens!
Dies gewähre der Vater, der Sohn und der Geist dir in Gnaden!

Anmerkungen zu Text und Übersetzung

Dem lateinischen Text liegt die kritische Ausgabe Ernst Duemmlers zugrunde: Poetae latini aevi Carolini rec. Ernestus Duemmler, tomus 2, S. 335–350. (Monumenta Germaniae historica: Poetarum Latinorum medii aevi t. 2), Berlin 1884. Die Überschrift stammt von Vadian (vgl. Anm. 1).

Im einzelnen wurden folgende bei Näf und Gabathuler (vgl. Anm. 1) erwähnte Änderungen gegenüber dem Text E. Duemmlers übernommen:

Hort. 4 ff.: Komma nach sit und nach facilis; haerens statt horrens.
Hort. 420: Virgo statt virga.

Die übrigen Änderungen Näfs wurden nicht berücksichtigt. Insbesondere verbleibt domus regina (Hort. 421). Der sich auch aus der Silbenlänge ergebende Genitiv ergibt einen Sinn: Maria als Patronin des Klosters Reichenau. Die Änderung von vilis in viridis (Hort. 432) ist nicht zwingend. Schlichtheit, Bescheidenheit und Demut sind echte Werte des Mönchtums und nicht abwertend gemeint. Die Übersetzung folgt weitgehend der sehr guten metrischen Übertragung Näfs (vgl. Anm. 1). Vor allem im botanischen und gartenbautechnischen Bereich wurden geringfügige Änderungen vorgenommen. So wird das Gärtchen nicht mit Holz umzäunt (Hort. 46, 47), vielmehr werden die Beete mit Kanthölzern oder mit Hölzern im Viereck eingefaßt. Pingui fermenta fimi (Hort. 50) wird besser mit Nährstoff des kräftigen Mistes statt mit Gärstoff des fetten Düngers übersetzt. In der Übersetzung ruta coerulea (Hort. 83, 84) sollte der blaugraue Schimmer der Rautenblätter zum Ausdruck kommen. Die gewölbten Säulenhallen sind für die Architektur des Hortulus von Bedeutung (Hort. 125). Flaschenkürbisse haben keine Furchen! (Hort. 128) Wegen der breiten Blätter der Muskatellersalbei wurde umbrosa (Hort. 275) mit »schattend« übersetzt. Dunkel ist sie jedenfalls nicht. Bei der Übersetzung der Ambrosia-Strophe wurde das Wort Rainfarn gestrichen, da es sich bei der beschriebenen Pflanze sicher nicht um den Rainfarn handelt. Statt »Katzenminze, das muntere Pflänzchen« besser: Katzenminze, die wüchsige Staude (Hort. 375). Statt »du Hort und Herrin« besser: »des Hauses Herrin« (Hort 421). Andererseits sollte z. B. obscenus Priapus auch entsprechend übersetzt werden: Priapus ist ein Gartengott von garstiger, unanständiger Gestalt. Die Einteilung Duemmlers wurde aus Gründen der Übersicht beibehalten, obwohl sie von Näf mit Recht in Frage gestellt wird.

URSMAR ENGELMANN

Der heilige Pirmin und sein Pastoralbüchlein

2., neu bearbeitete Auflage. 84 Seiten mit 4 Abbildungen und 1 Karte. 17 × 24 cm. Leinen

»Das Büchlein, das der frühere Erzabt von Beuron hier vorlegt und mit einer gut über den Stand der Pirminforschung informierenden historischen Einleitung versieht, bietet u. a. eines der frühesten Christuszeugnisse des Mittelalters. Engelmann druckt den lateinischen Text nach der Einsiedler Handschrift 199 (Ende 8. Jh.) ab und gibt ihr eine mustergültige deutsche Übersetzung mit Randvermerk biblischer Zitate bei.« Jahrbuch *»Regulae Benedicti Studia«*

»Der Verlag konnte seine Reichenau-Bücherei nicht glücklicher eröffnen als mit dieser schönen und gediegenen Publikation.« *Archiv für Literaturwissenschaft*

THEODOR KLÜPPEL

Reichenauer Hagiographie zwischen Walahfrid und Berno

Mit einem Geleitwort von Walter Berschin. 179 Seiten mit 1 Farbtafel. 17 × 24 cm. Leinen

»Das Buch Klüppels ist ein Meilenstein in der hagiographischen Erforschung des 9.–11. Jahrhunderts.« Bernd Jaspert in: Jahrbuch *»Regulae Benedicti Studia«*

»Ein frommes, schönes Kapitel der Reichenauer Literaturgeschichte ist nun aufgearbeitet; dem Verfasser vor dem Forum des Bodensee-Geschichtsvereins Dank und Anerkennung auszusprechen, gereicht zur Freude.«
Johannes Duft in: *Schriften des Vereins für Geschichte des Bodensees und seiner Umgebung*

»Th. Klüppel hat sich als kenntnisreicher und solider Forscher ausgewiesen. Ein wichtiges Verdienst seiner Arbeit besteht darin, daß er in einem wohl bewußt engen Rahmen Meisterschaft zeigt, dabei seine eigenen und andere Fragen aber nicht abschließt, sondern das Tor zu weiteren Fragen deutlich aufschließt.« Karl Pellens in: *Rottenburger Jahrbuch für Kirchengeschichte*

ALFONS ZETTLER

Die frühen Klosterbauten der Reichenau

Ausgrabungen – Schriftquellen – St. Galler Klosterplan

Mit einem Beitrag von Helmut Schlichtherle. 396 Seiten mit 100 Abbildungen, darunter 1 farbige und 46 Textabbildungen. 19,5 × 27,5 cm. Leinen

Das Kloster Reichenau wurde im Jahr 724 von Bischof Pirmin gegründet. Es entwickelte sich während des 8. Jahrhunderts zu einer Kulturstätte ersten Ranges im Fränkischen Reich. Alfons Zettlers Untersuchung schöpft nicht nur aus vielen Schrift- und Bildquellen, sie stützt sich vor allem auf die archäologischen Beobachtungen, die der Autor von 1970 bis 1984 vor Ort vorgenommen hat. So vermittelt das Buch wichtige Erkenntnisse der modernen Mittelalterarchäologie und gibt einen faszinierenden Einblick in das Alltagsleben einer frühmittelalterlichen Mönchsgemeinschaft.

Die acht ottonischen Wandbilder der Wunder Jesu in St. Georg zu Reichenau-Oberzell

Farbtafeln nach Photographien von Theo Keller sen. Einleitung und Beschreibung: Wolfgang Erdmann. 32 Seiten mit 14 Abbildungen, darunter 9 Farbtafeln. 33 × 24 cm. Kartoniert

»Mit den hervorragenden Farbaufnahmen von Theo Keller, groß und farbgetreu reproduziert, bietet Wolfgang Erdmann hier einen schönen ›Ersatz‹ für alle Besucher an, die nun vor verschlossenen Türen stehen werden. Diese Veröffentlichung bietet darüber hinaus nicht nur eine exakte baugeschichtliche Beschreibung, sondern auch eine Abhandlung über das System der Bildfolge, die Reichenauer Malerschule des frühen Mittelalters und ihre Maltechnik. Ein interessantes und preiswertes Heft, das man nur jedem Kunstfreund empfehlen kann.« *Buchhändler heute*